農業大転換期

考える農家

―稲作からの脱皮を模索する―

前田泰紀著

まつやま書房

序章

私は長年に渡り種苗会社に勤務し、全国の野菜を作っている農家に伺って品種の推進をしてきました。農家に伺いますと、茶を飲みながら野菜の栽培談義になります。野菜の話をしていますと、何時《いつ》も稲作の話になってきます。日本の農家は稲作が頭のどこかにあって、頭から離れないと感じました。そして、昔の話になっていきます。

今から四十～五十年前には減反もなくて、農家は米作りが収入源で、稲作に力を入れていました。その時代、農家は米作りに燃えていました。米作りは先祖代々から伝わっている技術で、生活の一つになっていました。稲作の収益が少ないので、生活費を補うために、農家は野菜生産に力を入れてきました。その収益のある野菜作りも、稲刈りが近づいてきますと、野菜を作っていても稲刈りになりますと、野菜作りはほったらかしで稲刈りに全力投球していました。

その後、時代が進み、農家に伺いますと国の余剰米が増加したときに、政府は余剰米を減らすために、色々な政策が出されました。農家の方が言われる猫の目行政で色々な農政の変化があり、農家は段々と稲作に力が入らなくなるように見受けられました。

現代では、農家の多くの方は「米を作っても食べていけない」と話す方が多くなりました。稲作から野菜作りで出荷することに移行する農家が増えてきました。野菜を作っている農家の方は十アールで米を作っても十万円の収益は難しいが、例えば、野菜でホウレンソウは十アールで栽培して出荷しますと三十万円近くの収益があり、さらに一年間で三~四作が出来ます。米は年一作ですから、野菜を作る方が圧倒的に儲かることになります。高齢になった農家や耕作面積の少ない農家などの多くは稲作を行っていますが、ただ惰性で作っているようです。米を出荷している農家に話を伺いますと、自分宅で食べる米はブランド米で、出荷用は収量の上がる品種を作っていると話されました。これでよいのでしょうか。儲からない農家は姿が消えてしまいます。

農業で生活が出来なく、農業以外の産業に移っていき、そのために、耕作放棄地は増大する一方です。農業従事者の減少を食い止めることが出来なくなっています。その中から、農業で生活が出来るような集団や個人で野菜を作り、野菜を直接消費者に売れる直売で生活している方も増えてきました。直売に生き残りをかけた農業に変わり、作った野菜がほとんど売れてしまい、フードロス解決にも繋がります。日本の昔から稲作を続けている農耕民族である農家は消えていくと思います。これからは、規模の大きく生産量の高い農家の育成が大事になります。

私は米作りから離れていく農家の生き様を記しました。

増えている水田放棄地（埼玉県） 2023.2.13 撮影
高齢者の問題、後継者不足などから稲作を放棄したために、
休耕地となった水田。

第一章　現代農家の憂い

◆農家の衰退の始まり

日本の農家が大きく減少したのは、高度経済成長が大きな影響を与えています。高度経済成長前の国民の所得には農業も他の産業も大きな差は無く、農家は稲作を中心とした経営で十分に生計を立てられました。しかし、高度経済成長に入りますと、徐々に農家の収益と他の産業の収益に差が生まれ、所得にも差が出てきました。その所得の差は広がる一方で、農家は稲作だけでは生計を立てていくことが出来なくなっていきます。農家の若いものは所得のよい他の産業へと移っていくことになります。若者が去った農家には高齢な方が残り、農業は衰退を始めます。

国民の所得が増えるにつれて食生活にも変化が現れてきました。食生活の欧米化です。米の消費は少なくなり、パン食が増加し、米離れが始まりました。そのために、米の備蓄が増大して、稲作の制限が懸けられました。その制度が減反政策です。農家の持っている水田の何割かが対象となり、その割合は個々で異なっていますが、農家は強勢的に水田を減らされました。その減反政策で使わなくなった水田に野菜を作ることを奨励しました。

多くの農家は野菜作りを始めました。福島県では露地キュウリを水田で作り、その面積は千ヘクタール以上にもなりました。福島県のキュウリは市場でよく売られ、農家の所得は上がり、その当時はキュウリ御殿と呼ばれる家が多く建てられたのを思い出します。しかし、その減反で野菜を作れなかった方も多くいます。高齢な方の農家では野菜に取り込むだけの労力がなく、稲作を作るしかなかったのです。ここで、稲作の残留組と野菜作りに走った進展組とに分かれました。

その当時には市場に販売されている野菜の種類も少なくて、野菜も高値で売られていました。キュウリも当然高く売られていましたが、その後、海外から色々な野菜が日本に入り、市場に並ぶようになり、消費者は色々な野菜を食べるようになり、一種類の野菜の消費量は少なくなります。キュウリの消費量も段々と減少していきました。福島県の露地キュウリの作付けも減少しました。野菜全体の数が多くなり、各野菜の作付けも減少していきます。野菜を作れば儲かるとの話は伝説になりました。

農家は儲かる野菜を探し、見つかればその野菜を作って儲けることになりますが、見つからなければ農家として存在が危うくなっていきます。その中で農家の淘汰が行われていきます。野菜を作っている農家でも生計が立てられないものも現れます。稲作農家も野菜農家も減少を続けているのです。

特に、稲作農家が作った米の価格は低価格で安定していたので、十アール当たりの収益が低いために稲作をしなくなり、それに高齢化もあり、農家としての存在がなくなります。規模の小さな農家は消えていきます。

◆各地に広がる耕作放棄地

大きな問題の一つとして、各地の耕地の放棄が増えています。専業農家の減少です。専業農家の生産者は全国で百五十万人に近づいています。もっと恐ろしいデーターは五十歳以下の専業生産者の人数です。十五万人に近づいています。専業農家の生産者の平均年齢は六十七歳と言われています。日本の野菜作りにも厳しいデーターです。また、消費者も飽食の時代に入って、購入する野菜も少量多品目に変わっています。昔のように八百屋でザルに盛って売る時代とは違い、いまでは、トマト、キュウリなどは一個から販売しています。カボチャはカット販売が当たり前になっています。

野菜の動向は大きく変わってきています。野菜も直売所で売られるものが多くなり、市場を通さずに販売するケースが多くなりました。家庭菜園も多くなり、自分で食べる野菜は自分で作る方も増えています。種子もホームセンターに販売されていますのでどこでも購入が出来ます。市場は生き残るために合併し、小売りをしている種苗店は廃業が増えつつあります。野菜の現物の流通や種子の流通にも大きな変化がきています。耕地の放棄が

	総農家			うち販売農家			土地持ち非農家	
	（千戸）	耕作放棄地面積（千 ha）	耕作放棄地率（%）	（千戸）	耕作放棄地面積（千 ha）	耕作放棄地率（%）	（千戸）	耕作放棄地面積（千 ha）
1995	398	93	2.0	294	73	1.7	…	42
1990	689	151	3.5	498	113	2.7	287	66
1995	633	162	3.9	449	120	3.0	325	83
2000	845	210	5.4	589	154	4.1	518	133
2005	829	223	6.2	517	144	4.2	554	162
2010	753	214	6.4	415	124	3.9	606	182

1985 年以降の耕作放棄地

農林水産省サイト統計データによる。

1 年以上作物栽培がなく、数年内に耕作再開意志がないもの。

増えている中で、その耕地を使う集団農業が増えつつあります。

大きな面積でも十分に管理が出来る野菜として、キャベツ、ハクサイ、ブロッコリー、ネギ、タマネギ、ホウレンソウ、コマツナなど野菜は多岐に渡っています。何ヘクタールも作付けをしている会社組織の集団は、収穫された野菜は市場に出荷せずにスーパーなどの量販店に出荷されます。何々農園と明記した野菜がスーパーなどで多く見られるようになりました。この流れは益々増えていくと思います。しかし、耕地の放棄は増える一方です。

大規模の農園の直接販売か直売所での販売の二極化が進んでいきます。もう一つは、企業化が進んでいる水耕栽培です。果菜ではトマト、キュウリ、パプリカなどで、葉菜ではレタス、コマツナ、パセリ、イチゴなどの軟弱野菜が中心に栽培しています。大規模なハウスを建てて、野菜を栽培しています。水耕栽培は土を使いませんので、連作障害が発生しませんし、堆肥を使っての土作り作業も不要となります。畑では次の野菜を作るまでの間に用意する時間がかかります。水耕栽培は栽培が終了したら、残渣を片付けてすぐに次の野菜が植え付けられることは効率が良いです。水耕栽培を始めるには建設費用がかかります。大きな資本が必要となります。この点で広がりがゆっくりだと思います。

◆中国は日本の通った道を進む

今の中国が四十年くらい前の日本だと思います。現在の中国の国民総生産は世界二位で、工業化が進み、農村の若者は産業の盛んな都会に集まり、農村の農業は衰退していきます。昔の中国は穀類の輸出国でしたが、現在では輸入国になっています。

国民が十四億人以上いて、その人口の食糧を自給することは難しくなるのではないでしょうか。中国の一人っ子政策がここにきて農村の将来に大きな影を残しています。穀物の輸入が中国のアキレス腱になるのではないか。産業が発達すれば、反面、農業の衰退に繋がります。消えゆく農家です。

中国でも日本でも海外から安いものを買えばよいと勧めた結果、国内の農業は衰退していきます。戦争でも起これば、たちまち食糧不足に陥ります。国内の農業を保護する政策を必要としています。豊かな農家が出現できる土壌となることを願っています。

第二章　稲作の衰退からの脱皮を考える

　私は以前仕事で新幹線によく乗りました。車窓から田園風景を見ていますと、年々水田が少なくなっていく気がします。増えているのは大豆畑、ソバ畑です。もっと多いのは放棄地です。綺麗に整地してある大きな水田は稲作をしていますが、農地の端にある変形した水田は雑草や雑木が生い茂っています。毎年同じ列車に乗って比較をしていますと、「あれ、ここは以前水田だったのに、今は雑草が生えているな」と我ながら寂しい気がします。「稲作をする方が居なくなったのかな」と感じて車窓の景色を見ています。

　また、稲刈りのシーズンになりますと、水田にはコンバインがけたたましい音をたてて稲を刈っています。昔は稲刈りともなれば多くの人が集まって賑やかに行っていましたが、今の稲刈りは一人で行っています。十アールの水田をあっという間に刈り終わります。若い青年が大型のコンバインを運転しているのを見ますと、農業法人で働いている社員の方です。大型のコンバインを運転している若い方が多く見受けられます。農家が自分で稲作をしている方は少なくなっているようです。高齢化によるものか、稲作での収益が上がらないからやめた方かは分かりません。

米で生活をしていくのは難しいと多くの農家は話されます。私は野菜栽培をしている農家に稲作のことを伺うと、その農家も以前は稲作をしていましたが、現在では野菜で生計を立てて、稲作は自宅や親類が食べる量しか作っていないと言われ、その他の水田は貸してあると話されました。十アールの水田で米を作っても収量は七〜八俵程度で、一俵（六十㎏）の販売価格が一万円近くで、一ヘクタールの水田では百万円程度の販売金額で、そこから肥料代、農薬代、機械の減価償却などを考えますと、手元に残る金額は少なくなってしまいます。家族が生活するには少なすぎる金額です。

稲作は春先に苗を作り、水田の代掻き、肥料ふりをして、田植えをします。田植えも田植え機を使って行います。手で植えていたら世間体におかしく思われますので、田植え機を購入するしかないのです。田植えをしたら、水田に除草剤、殺虫剤、殺菌剤などを撒きます。最近は一発剤になったので楽になりました。イネが大きく生育したら、畦の雑草を草刈り機で除草を行います。草刈り機も購入しています。穂が垂れる秋には収穫となりますが、それまでの間には水田の水管理があり、毎朝、水田の水の状態を見る必要があります。稲刈りもコンバインで行います。個人的な農家では二、三条刈りのコンバインが普通です。しかし、コンバインも何百万円します。コンバインで籾を収穫して農協のカントリーに運んで乾燥させます。個人でも乾燥機を持っている方も多いです。

現在では米を作るとなりますと、トラクター、田植え機、コンバイン、乾燥機と高価な機械が必要となります。私の知っている野菜農家はよく話しています。「野菜で稼いだお金で、トラクターやコンバインを買っているが、野菜を作っていない方では農業機械を買うのは大変ではないか。」と話されています。コメを作るにはお金がいるのです。だから水田を賃貸ししている農家が増えているのです。これには高齢化や後継者なども関係してきます。

また、しかたないから稲作をしている方も多いです。稲作をせずに水田を空けておきますと、集落の方から笑われるのがいやだから付き合いで稲作をしていますし、水利組合もあり、順番で当番が廻ってきます。水田に水を入れるには順番があり、高低の高い水田から順番に水が入ってきます。水田は水を貯めるダムでもあります。その水田地帯に稲作を止めてしまいますと、水の流れに不都合が出てきます。そのために稲作をするのです。収益のためでなくて、稲作は集落の付き合いだと私は思います。

これからの稲作はどこに行くのか。儲からない稲作では若い青年も見向きもしなくなります。稲作は十アールでの収穫された米の販売価格は十万円以下で、キャベツ、ブロッコリー、ホウレンソウなどは水田を減反で畑にして作っていて、十アールでの収穫した野菜の販売価格は三十万円以上にもなります。同じ面積での収益に大きな差が出ています。こ

ソバ畑の風景（福島県） 2018.6.25 撮影
昔は各地で多く作られていたソバ畑で、
水田の転作で作られているソバ畑の風景。（猪苗代湖の付近）

転作した水田のキャベツ（群馬県） 2019.10.1 撮影
水田の転作で作られたキャベツ畑。
キャベツの奥に見える黄色くなっているのは
稲刈りが直前になっている稲です。

の販売金額を知っている農家の青年は稲作を引き継ぐことが出来ないと思います。

水田の面積が何ヘクタールも持っている農家では米の収益で生活が出来、農家の後継者である青年も稲作を進んで行うと思います。私は稲作で一億円を稼ぐことは難しいと思いますが、ホウレンソウ、レタス、ブロッコリーなどの露地野菜では販売金額が一億円以上の方は多くいます。稲作は投資する機械の金額が多い割には収益が少ないのです。

このままでは、零細な稲作農家は消えて、大規模な経営をする大規模農家の稲作で残っていくのではないでしょうか。コメの消費が減少する中で米の作付けが減っていくのも仕方がないのではないか。これからは商社が海外から米をどんどん輸入するのではないか。商社は儲けることしか考えていませんから、米の自給率も低下していきます。海外で生産されるコメの食味も高くなってきますし、安価な米が輸入される時代になっていくのでしょうか。

◆米の消費の変化（食物の多様性）

稲作は今から二千年前から行われていたもので、長く日本の食文化の中心となってきました。また、日本の経済も米本位で経過していましたが、太平洋戦争以前までは米を中心とした社会が続いていて、農家は稲作が農業のメインとなっていました。しかし、終戦後、日本は食糧不足になり、アメリカからパンを主食とした文化が入ってきて、日本の食生活は徐々に変わりつつありました。

　その後、日本の経済も立て直してきまして、高度経済成長期になり日本の産業が盛んになり、若者は都会に集中してきまして、日本の人口も増加しましたが、高度成長期頃から食物の多様性で色々なものを食べるようになり、米離れも生じて米の消費が少しずつ減少して余剰米が増加しました。そのために、国は減反政策に踏み切り、稲作にブレーキがかかりました。米価も下がり自主流通米と言われるものが多くなり、農家は稲作への興味がうすくなってきました。その減反のために使わなくなった水田に野菜などを作る稲作と野菜作りの兼業が増加してきました。グローバル化により海外から食物の輸入も増加し、益々稲作の衰退になりました。

　毎年、米の消費が減少して余剰米が増えて、在庫米が増えるために、稲作をさらに減らす政策をして、大豆などの栽培を勧めるようになってきました。

◆米離れ

　最近、消費者の食費の中で、一年間に食べる主食となる米、パン、麺類などを比較しますと、パンの食費の割合が高く、ご飯を食べる方がどんどん少なくなってきています。仕事をしている方の昼食においても従来はお弁当で、ご飯が主力でしたが、最近は仕事場でのデスクで昼食にパンを食べる方が多くなり、なかには麺類で済ます方もいます。夕食はご飯を食べる方が多いのですが、それでも夕食にパン、スパゲッティ、うどんなど小麦製品を摂る方も多くなってきていて、米離れが加速的に起こっていて、各地の米倉庫には米が山積みになっていて、米価が下がり、全農の米担当の方は米離れによって農家の稲作への意欲が益々低下していきますと話していました。これによって稲作農家が減少していきます。

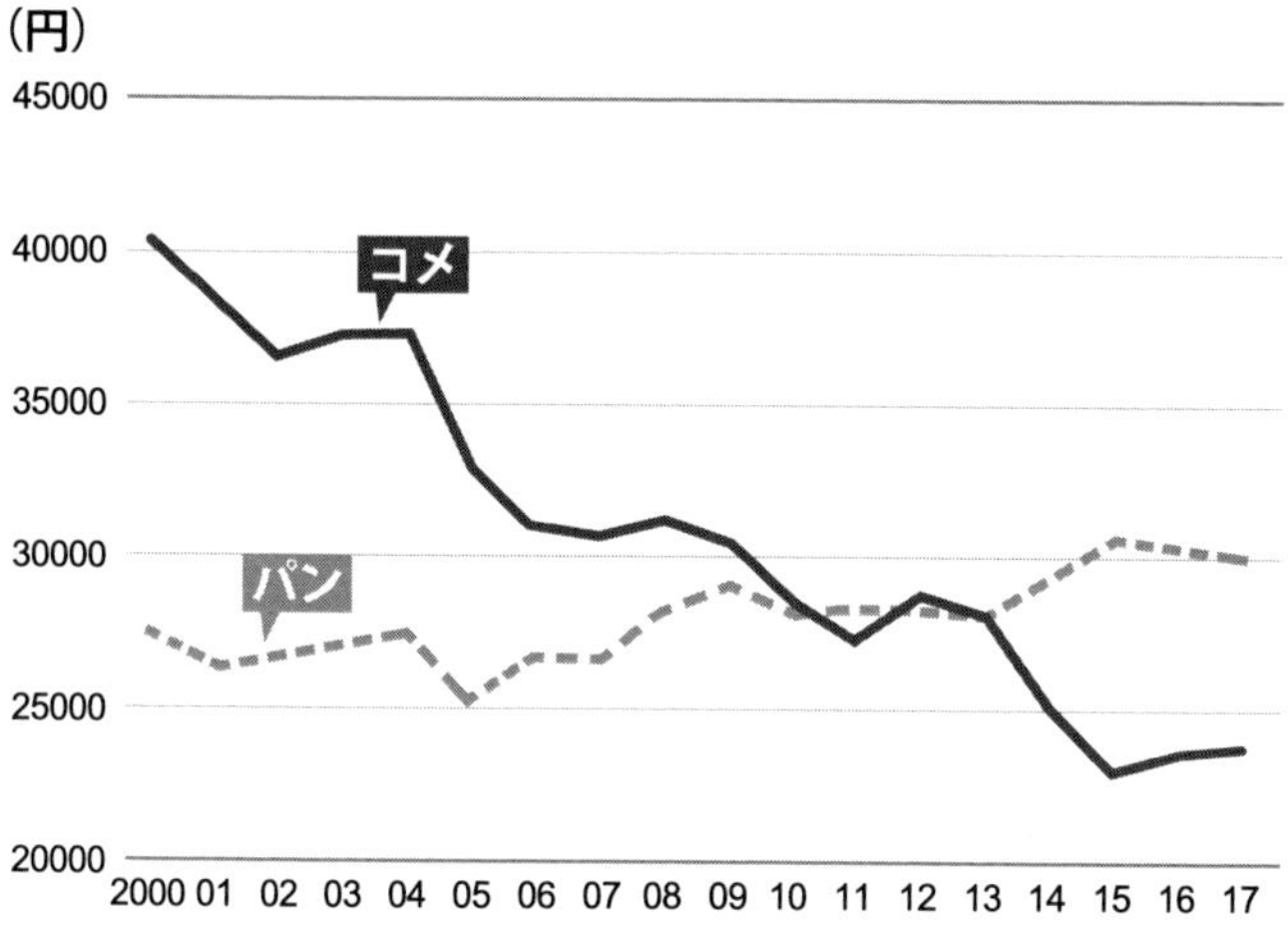

コメ・パンの消費金額
『nippon.com』https://www.nippon.com より
総務省「家計調査（2 人以上の世帯）」のデータを基に
作成された図を複製

なぜ消費者は米から小麦製品のパンに移行していくのかと考えますと、日本人の欧米文化への憧れもあるのではないでしょうか。どこの町に行ってもしゃれたパン屋さんがあり、若い方やご婦人方で賑わっています。それ以外に米離れとして、ラーメン屋、うどん・そば屋なども人気で繁盛しています。昔からの大衆食堂などは減少気味です。大衆食堂の定食や丼ものは米の消費に大きく携わってきましたが、ラーメン屋などに押されて売れ行きが減少して、米の消費が下がっています。

しかし、明るいニュースとして、おにぎり屋さんが少しずつ増えてきています。お米屋さんの逆襲とも言えます。今、おいしいお米で作ったおにぎりに人気が高まっています。米の消費の助け舟になるのか見ていきたいです。

今や米以外の穀類は輸入がほとんどになっています。昔は小麦、大豆、飼料用トウモロコシ、そばなどを作っていましたが、現在は輸入になっています。企業は日本で収穫した穀物より、海外で生産した穀物が安価であれば輸入をします。そのために、穀物生産が国内から海外に移り、国内の穀物生産は減少して農家が減りました。安価な穀物が消費者に受け入れられて、米離れが進み、米も売れなくなれば、作付けも減り稲作農家も減っていきます。野菜生産農家以外の農家は消えていくと思います。

◆農産物の輸入が農家の衰退を招いている

日本の国土の大半は森林で、江戸時代、明治時代、大正時代、昭和中期まで林業は盛んに行われていました。木を伐採し、その跡に木の苗を植えて育て、大きくなれば伐採するサイクルが出来ていました。しかし、今日の林業は衰退してしまいました。その理由として、海外から価格の安い材木が輸入され、国産の材木が売れなくなってしまったことになります。高い材木は売れなくなり、林業は衰退の一歩をたどり続けました。材木は輸入に

転作した水田に植えたカボチャ（長野県） 2019.8.22 撮影
山奥の水田を転作して作ったカボチャで、人家から離れているために、管理が不十分で、雑草に覆われています。

頼るようになります。他の農産物も同様な道筋をたどることになります。

日本で作る農産物の価格が高くなり、海外の農産物価格が安価で入るようになり、日本に入ってくる穀物の多くも輸入にたよるようになっていきます。そのために、日本の農家は農産物を作る方が減少してきています。輸入農産物が日本の農家（穀類）の生産意欲を低下させ、農業から遠のく方も増えてきています。国産と海外での価格差が農家の経営に影を落としています。

◆日本の穀類の輸入について

日本の農産物の多くは海外からの輸入に頼っています。日本で作れる農産物は多くありますが、なぜ、穀類などの輸入に走ったのか。特に、大きいのは小麦です。昔の日本では稲作の裏作として小麦が作られていました。それが輸入に変わってしまいました。これは前述のように日本が高度成長期に国民の所得が上がり、日本で作られていた小麦の価格が上昇してしまい、パン屋、うどん屋などの業者は価格の安い小麦粉を求めて、安い小麦である海外小麦に目を向けて、商社によって海外から小麦を輸入するようになり、その小麦の量は年々増加していきました。逆に、日本の小麦生産は減少していくことになりました。

しかし、海外の小麦生産は天候によって変化が大きく、不作ともなれば、小麦の価格は急上昇し、外食産業に大きな影響を与えることになり、それは消費者にも及ぶことになりました。もし、日本で小麦の生産を続けていれば、価格は高いものの小麦の安定供給になり、農家の小麦生産の存続ともなります。今や海外から輸入しているものは小麦に限らず、大豆、ソバ、飼料用トウモロコシなど穀類の多岐に渡っています。あまり利益を求め過ぎた結果の輸入となったと思います。日本には農耕地が多く放置されていて、この放置された農耕地はさらに増え続けていくと思われます。米の自給率は百パーセント近くを保っていますが、稲作農家は高齢化や後継者不足などで、稲作は年々減少しています。

米の自給率が低下してくれば、海外の米を輸入するようになります。現在、ブランド米と称して美味しい米を作り販売をしていますが、海外でも美味しい米が作られていて、いつ日本に入って来るかもしれません。実際、少しはすでに日本に入っています。しかし、日本は海外の米に関税をかけて、輸入米は高価なものになっています。日本の稲作が減少してきたら、安価な米が小麦と同様に輸入されるようになります。

しかし、今の日本の米事情は在庫の米が多く倉庫にあり、生産を国が抑えている段階で、消費も米離れから減少していて、米の生産量が減少しても消費も同様に減少していますので、米の需要と供給のバランスが取れていますが、稲作農家の減少のスピードが速くなり、将来、バランスは乱れて海外から米の輸入が大きくなってくると思います。

◆海外で作られたコシヒカリ

美味しいお米の代名詞であるコシヒカリが海外でも作られています。アメリカ合衆国カリフォルニア州で作られているコシヒカリは日本で作られたコシヒカリと同等な評価が出ています。しかし、価格が大きく異なっています。同じコシヒカリでもカリフォルニア産のコシヒカリは安価になっています。大きな畑で大型機械を使って栽培しているので、そのために、単一面積での収量が同じでもそれに掛かる経費が大変に少ないので、米の単価が安くなるのです。

日本も規模拡大を計って稲作をすれば、出来るかもしれませんが、日本の水田は小さいので、耕地整理をして大きな水田を作ることになります。小さな水田を持っている零細農家は農業を放棄しなければなりません。一握りの農家が残り、小さな農家は消えることになります。大きな面積にして、機械化を進め、スマート農業をすれば安いコシヒカリが作れるかもしれません。犠牲の多い選択かもしれません。

◆大規模経営農家のための水田構造改善事業

数十年前から行われてきた国の指導の水田構造改善事業で、水田に大型農機具が使い易くなるように、一つの水田を三十アール以上の長方形にする事業で、これにはお金もかかります。近代農業としては良い考えだと思いますが、稲作をしている農家の多くは規模の小さく、持っている水田面積も二ヘクタール前後です。この二ヘクタールの水田から収穫出来る米の出荷代金は約二百万円前後です。この出荷代金から経費を引きますと、残った金額はかなり少なくなってきます。

小規模の稲作農家が水田を大型の農機具を使えるように改善することですが、大型の農機具を購入するには大金が必要となり、持っている水田の面積が少ないので、大型の農機具を買っても稼働時間が少なくて、宝の持ち腐れ的なものです。また、小規模の水田経営で米の収入だけでは大型の農機具を購入することは出来ないです。大型の農機具を購入するには稲作以外の収入から購入している方が多いのです。つまり、水田の面積が少ない農家は稲作から手を引いて、面積の多く持っている方（法人も含みます）のために水田の構造改善をしているように思われます。

◆干拓事業

海の一部を埋め立てて農地にし、その多くは水田です。高度経済成長期には食糧の増産で、稲作を勧めていました。その面積は多くありましたが、現在では稲作より野菜作りなどに変わり、さらに工業団地として農地の身売りとなりました。

農地から工業団地への移行は農家の農業離れを示しています。せっかく干拓して農地にしたものが農地以外に転用されているのが現実です。稲作の減少は色々な所に現れているのです。

◆日本の零細な稲作

私の農業経営専攻の学友が今から約五十年前の学生時代に、彼が稲作について話したことを思い出します。彼は「将来、稲作をする農家が減少します。稲作をする農家は高齢化となり、自分の作る水田を管理することが出来なくなり、水田の面積を減らして、自分の家族や親類のために稲作をするようになり、つまり、出荷する米は作らなくなるのではないか」と話していました。

しかし、これは現在の稲作農家について言えることだと思います。高齢で零細な経営をしている稲作農家は、水田を放置しているか、貸していると思います。このような農家が多くなっていきますと、現在では過剰になっている米も、国内産の米の生産も減少し不足となります。当然、不足になれば輸入をするようになります。その中で、ブランド米の作付けは盛んになっていきます。使わなくなった放棄した水田を借りて大規模な稲作をする集団も増えてきますが、零細な農家の減少の方が多くなると思います。

ここで考えることは、零細な稲作農家の持っている水田を整備して、一枚が大きな水田にすることは、近代的な管理をする目的であったと思います。これは大規模に稲作を集団に貸すために行ったとも取れます。大規模な機械化には整備した水田が必要となります。零細な農家には整備された水田が必要であったのかを考える必要があります。この整備した水田で、零細な農家も機械化を進めています。つまり経費過剰の稲作になったと思われます。

◆規模の小さい稲作農家

日本の稲作農家が持っている水田の面積は一～二ヘクタールが多く、この面積での米の出荷代金は百～二百万円が相場です。つまり、稲作以外の仕事をしないと食べていけない現状です。そのために、農業以外の仕事をする兼業農家が大変に多いのです。

平日は会社に勤め、土曜日、日曜日に稲作の仕事に付きます。当然、稲刈りも土曜日、日曜日となります。専業農家で生計を立てている農家は稲作以外に野菜作りや果樹栽培などを行って、稲作での収益の補填をしていますが、現在では野菜作りや果樹栽培がメインで、稲作は付け足しの感があります。稲作より他の仕事の方が大きな収入になっています。

他の仕事に専念して、水田を放置する農家も増えてきています。水田の風景を見ていますと、その風景の中に雑草が生えている水田をよく見ることがあります。水田の風景の中にはほとんどが雑草に覆われている風景もあります。農耕放棄地が毎年増えて、稲作を止める農家が増えているのだと気が付きます。

◆兼業農家の稲作

兼業農家は稲作や野菜作りをし、その農業では生計が立てることが難しくなりますと、その農家の主人が企業に勤めに出て、土日曜日に農業をする農家です。当然、水田の面積も少ないです。土日曜日に稲作をする兼業サラリーマンで、会社に勤めながら田植えや稲刈りをしていました。稲刈りシーズンになりますと、水田地帯には多くのコンバインが走り廻りさながらお祭りのようです。昔に比べて稲作は軽視されています。

◆日本の農家は稲作が頭から抜けない

私は秋の稲刈り時期にキュウリ栽培をしている農家を伺いますと、その農家の主は不在が多いです。奥さんに聞きますと主人は稲刈りに行っています。一人で稲刈りをしているのですかと聞き直すと、今はコンバインで稲刈りをしますので一人で十分だと返事がきます。収穫したキュウリは奥さんが出荷箱に詰めていて、ご主人は稲刈りをしているスタイルが多いです。昔の稲刈りとは大きく異なっています。

稲刈りは家族、親類が集まる一大イベントでした。現在はコンバインと籾を積むトラックがあれば稲刈りが出来ます。しかも数日で稲刈りが終了してしまいます。稲刈りも終盤になり、集落の集まりがありますと、話題に上がるのは「おまえのところの米はいくつあったか。」と聞いている姿が多く見られます。つまり、集落での米の収量を気にしているのです。米がどれだけ収穫できるかを見て、その後に天候の話になっていきます。天候が悪いから収量が少ないとか、今年は米に合った気候だから収量が多いとかを話し合っているのです。米の価格が安くても頭の中には米の収穫量から離れないのです。

◆日本の米は価格が高かった

昔は、米の価格は政府が決めていました。消費者が米を購入する価格と、農家が政府に米を売る価格には差があり、農家から米を高く買い上げ、米屋などには農家から買い上げた価格より安く売ることで、米価は安くて安定していました。この逆ザヤで政府は大きな金額を予算として計上していました。つまり国民の税金で補填したことになります。

その後に、規制緩和で、米価を販売する方が決める自由な価格となり、農家から買い上げる米価は急激に低下しました。この時に、一部の稲作農家は米では生活が出来ないと、野菜などを副業的に栽培し始めた方が多く出ました。農家の稲作離れです。まだ、米の生産量と消費量に差が大きくあり、生産する量が多いので、政府は減反制度を設けて、稲作農家に米作りにブレーキを掛けました。そのために、より多くの農家が野菜などの生産に付きました。中には零細の稲作農家は減反により稲作を放棄しました。

余剰な米を海外に輸出することにしますが、世界の米価と日本の米価には大きな差があり、海外の米価は安くて、日本の価格の半分程度です。そのために、ブランド米は輸出を出来ますが、後進国などには輸出が価格問題で出来ません。米の価格を下げますと、日本の稲作農家は生活が出来ません。このジレンマがあります。

◆縮小している稲作農家の作付面積

昔は米価も高く、稲作に用いる肥料や農薬も現在に比べれば安価で、購入するには大きな負担がなく、稲作農家は米を作ることで十分に生活ができました。

日本の稲作農家は零細な方が多く、作付面積は小さいのですが、その時代では稲作農家として十分に経営が出来たのですが、米の買い上げ価格が段々と下がり、今では米も自由な価格で流通され、肥料も農薬も価格が上昇しました。さらに、稲作には機械化が進んでいて、その購入や維持費にもお金が掛かるようになり、稲作農家の経営は一層悪化の一途です。作付面積の少ない稲作農家は稲作以外に収入を求めて、野菜生産に力を入れる農家もいれば、企業などの勤めに出る農家も多くなってきました。

つまり、兼業農家が増えることになりました。兼業農家になったら、稲作をしていた水田は他人の法人化した集団に貸してしまう農家も多くなっています。日本の多くの規模の小さい稲作農家は姿を消してしまいます。日本人が食べている米は将来どのようになるのでしょうか。

◆稲作の減反政策の対応

米の生産量と在庫量のバランスが悪くなり、余剰米が多くなったために、作付け量を減らすために稲作をしている農家に作付けを減らすようにしました。それぞれの農家には減反する割り当てを決めて実行されました。稲作農家は作付けの面積を減らされたので、当然、収入は減少していきます。そのために、減反した水田に野菜を作り出荷する方向転換が図られました。水田地帯の真ん中に露地野菜が作られる風景が誕生したわけです。

ここで野菜に移った事例を紹介します。稲作の減反した水田を露地キュウリの作付けに変わった岩瀬地区（現在の須賀川市）は日本有数の産地に成長しました。私も種苗会社でキュウリの品種の育成をしていましたので、岩瀬地区の露地キュウリは巡回指導で伺っていました。この時代に米の減反でほとんどの農家は露地キュウリの栽培に移行していました。

各集落で集会をしますと、キュウリ栽培農家ばかりなので、話題はキュウリの作り方でした。キュウリの価格も高くて農家の収益は十分にありました。この地域の減反政策は成功しましたが、中にはキュウリなどの野菜に取り込まない農家もいました。稲作から離れない農家や高齢の方などです。

昭和五十年代から平成初期が全盛期で、それ以降は露地キュウリの生産者が減少して、産地は段々と小さくなっていきました。この減少は主に高齢化だと思います。また、高齢化と後継者不足から休耕地もこの時期から増加していきました。今ではこの管内を自動車で走りますと、以前は道の両側に露地キュウリが作ってあり、キュウリ畑ばかりでしたが、車窓には時々露地キュウリが作ってあるのを見かける程度となりました。

東北の露地キュウリ（宮城県） 2018.9.4 撮影
稲作が主力の農家が転作して作った露地キュウリ畑。
稲刈りシーズンにもなれば、キュウリの管理より稲刈りに力が入る農家。

キュウリ栽培を止めた方に聞きますと、キュウリより軽い莢インゲンの栽培をして、細々と生計を立てていると話されています。稲作はその農家と親類が食べる量しか作りませんと言われました。このままでは野菜から稲作に戻るのですが、益々零細な農家となり、その後消えてしまう気がします。

◆米の作付けと政策

米の生産量と消費量でのバランスを見て、生産量が多くなり、米の在庫が多くなりますと、米の作付面積を減らす政策が出ます。減反する作付面積を指導します。減らした水田には大豆などを作るように勧めます。戦後からしばらくは米の統制があり、米の価格は固定されていました。

その後に、規制緩和で米の価格は自由になりました。自由米になったのに、いまだに保有米が多くなりますと、農水省は作付けを制限してきます。米を作るのは農家の自由で、作付けを増やせば、生産量が多くなり米の価格は下がっていき、農家の責任となります。販売指導を行っていれば、減反も変わると思います。ただ米の在庫が多くなれば減反と言うのはおかしいと思います。在庫量が増える前に販売することに対処するべきではないでしょうか。長く在庫で保管して、古米になれば、加工業者に安く売り下げることなら、古米になる前に食糧不足の地域などに安価で輸出することも考えて欲しいのです。

第三章　稲作から野菜作りへの移行

◆日本農業の変遷①（古代）

人は古代から畑で野菜を作っていたのでしょうか。人は栄養から考えますと、植物から必要な養分を摂取する必要があります。

縄文時代の食生活は狩猟が中心ですが、獣の肉以外に木の実、穀類、野草、キノコなどと、魚介類なども多く摂取していました。ほとんどが自然のものを採って食料としていました。縄文時代の後半になれば、最近の研究で一部に稲作も行われていたことが分かってきました。山野に生育している野草を食べていて、その後に食べて美味しい野草を選んで、自分で作っていたとも考えています。この時代には肥料も無い中で、野草を栽培していました。この時代の人は土を選んで野草を作りました。河川の河口の肥沃な土壌に野草を作ったと思います。縄文時代の住居は海岸近くに分布し、狩猟が中心な生活をしていました。野草を作るために河川敷に生活の場を移して、その後、弥生時代に入っていたと考えられます。河川は度々洪水をして、上流の有機物を流し込み、それが腐植に変化して、土壌が肥沃となり、肥沃な土壌が野草をよく生育させました。世界の四大文明も大きな河川の流域に発達しました。川の上流から肥沃な土が流されて、その蓄積された土壌に農耕が行われてきました。稲作の始まった時代も同様に、河川の流域に集落が形成されたと思います。河川から運ばれた腐植には多くの有機化合物が含まれていて、肥料分も多く含まれています。窒素、リン酸、カリの主要な成分もあります。窒素の含有量は二％前後で、野草の生育には十分な量と思われます。この腐食が河川敷の土嚢には五％前後存在し、畑の形成が始まったと思われます。その傍らに野草を栽培していたと考えられます。

この縄文時代後半に作られていた野菜には、のびる、サトイモ、ウド、フキ、セリ、ミツバ、緑頭の葉、エゴマ、自然薯、雑菜、ミョウガなどです。この河川敷に野菜の産地ができ、集落が形成されました。この河川敷の地域には最近まで野菜作りが続いています。昭和四十年代までの日本の野菜生産地は河川の流域に点在していました。俗に言われる無かん水栽培が出来る地域でもあります。

そして大陸から伝わった本格的な稲作が導入されました。稲作は共同作業が必要なため、人は集団生活に入り、以前より集落の人の繋がりが深くなっていきます。弥生時代に入りますと、稲作技術は益々発展して、米が中心の文化になっていきます。人々は水田や畑を作り米や野菜を作りました。同じ場所に野菜を作るために、畑の養分となるものを補給するために、肥料を考案しました。肥料として作られたのは弥生時代から古墳時代と言われています。人糞尿や獣の糞尿などの有機物を発酵させて肥料としました。この厩肥は長く昭和まで使われてきました。現在も厩肥と稲わらなどを混ぜて発酵させた堆きゅう肥が多く使われています。弥生時代から、便所には便槽を作り、人糞尿を溜め、アンモニア態から硝酸態に変えて畑の肥料に用いていました。これも昭和中期まで使われ、畑には肥溜めを作り人糞を蓄えてありました。弥生時代から明治時代まで肥料は人糞尿や厩肥が主力となっていました。肥料を用いるようになり、縄文時代と比べ弥生時代は稲や野菜の生産量は多くなりました。人は食料の生産が安定したために、定住を始めました。

その後、小さな国家らしきものが出来て、主権国家を形成させました。共同生活となった集落には長や祈祷師などが人をまとめていました。農作物を多く収穫するには、イネや野菜をいつ播くと豊作になるか播種期を決めるため祈る祈祷師などが力を持ちました。行政を司る人や祈祷師と作物を作る人の分業が出来つつありました。作物の自給自足から分業に変わっていきました。野菜などを作る農家の始まりです。

弥生時代から古墳時代には海外からの野菜の導入が多くなり、ゴボウ、小さいダイコン（コホネ）、レンコン、マクワウリが作られるようになりました。弥生時代くらいから、イネ、野菜などの採種も行われました。栽培している作物からタネを採り、翌年にそれを播き作物を作り続けたと思います。水田や畑は自給の肥料を使って、肥沃に保ちました。

◆日本農業の変遷②（中世）

奈良時代から平安時代になり、稲や野菜の生産はさらに安定し、海を渡り色々な野菜が入ってきました。ナス、トウガン、食用シュンギク、ササゲ、カキチシャ、大きいダイコン（オホネ）などが作られるようになりました。野菜の種類は多くなりました。

律令制度が安定してきて、政治を司る役人と水田や畑で作物を作る農民と区分され、農地から収穫された一部の作物を税として役人に納めていました。その農民の中には、野菜を多く作って余剰の野菜を荷車に乗せて、集落の中を引き売りしたと考えられます。貨幣の発達によって、物々交換から貨幣による買うと言う行動になり、道具なども売られて、商人の始まりでもあったと考えられています。

この時代の人口の多くは農民であり、稲作を中心とした文化となっていきます。農地は荘園制度で国が管理し、農民はその荘園で稲作を行い、その土地から収穫された米を年貢として納めました。

その後、平安時代の後半になりますと、公家を守る武士が力を持ち、段々と武士が政治の表舞台に登場し始めました。各地に武士が中心となった豪族が台頭し、荘園制度は崩れていきました。農民は武士が治めている土地で農作業をして、武士の長に年貢を納めるように変わっていきました。公家の生活は衰弱していきます。商人は豪族から米を買い上げて、農民以外の民に販売して発達していきました。

武士の世の中になった鎌倉時代は、幕府が出来て、武士による政治が行われ、この制度は江戸時代まで続きます。農民は稲作と野菜の生産をする方が増えてきました。町には市《いち》が出来て、農民は作った野菜をその市で売るようになります。農民以外の方は野菜を作っていませんので、市で売られた野菜や引き売りの野菜を購入していました。海外からも色々な野菜が入って来るのもこの時代からです。鎌倉時代、室町時代には海外貿易も盛んになり、野菜種子も日本に入ってきます。この時代に入った野菜はカブ、日本カボチャ、スイカ、インゲン豆、ホウレンソウ、トマト（観賞用）などがあり、食卓には色々な野菜が並ぶようになりました。商人も増えて経済はよく発達しました。

室町時代の後半には、戦国大名が各地に現れて、各地で戦争が起こり、農地は荒れてきます。農民も武士（足軽）で戦争に参加した時代でもあります。秀吉が統一しますと、農地の測量が行われて、稲作は安定してきます。

その後に家康が江戸幕府を作り、世の中は安定して長く続きます。農民は各大名に年貢を納めました。この江戸時代は鎖国制度をしていましたので、海外からの野菜種子は多く入って来ませんでした。この時代にはニンジン、キャベツ、タマネギなどが入ってきました。キュウリ（華南型）は奈良時代に入って来ますが、江戸時代に入ってきたキュウリ（北支型）で人々は食べていました。奈良時代に入ってきたキュウリはほとんど食べられなく、鎌倉、室町時代にはキュウリよりマクワウリを食べていました。江戸時代に入ってきたキュウリは武士にはあまり食べられなかったと言われています。その理由はキュウリの切り口がアオイの御紋に似ているからです。徳川家を食べてしまうことになり、武士の間ではあまり食べられなかったと言われています。

野菜の種子は室町時代から販売する商人が登場しています。農家の自家採種から購入種子に移り始めました。また、各地に在来種も増えてきます。農家がナスを自分の畑で栽培し、収穫をしている時期に果形の良い物、食味の良い物、株の勢いが強い物などの株を見つけますと、その株から種子を採り、翌年に昨年採種した種子を播き、より良いナスを作るようになり、これを繰り返すことでその地域に適したナスの品種ができます。この固定された品種が在来種です。ナスの在来種は大変に多く、全国に存在しています。その他に、カブ、ダイコンなども全国に多く存在しています。

◆日本農業の変遷③（近現代）

明治時代になり、藩政が廃止され政府に税金を納めることになり、米ではなくてお金で納めることになりました。しかし、大地主と小作の関係は続いていました。明治になって鎖国がなくなり、自由に海外から色々なものが入ってきます。

野菜の種子として、マスクメロン、セイヨウカボチャ、食用トマト、カリフラワー、ホウレンソウ（西洋種）、オクラ、結球レタス、ハクサイ、ピーマンなど色々と入り、野菜栽培は盛んになってきます。野菜も多くなり、野菜を栽培する技術も発達をしました。大きく変化をしたのは、化成肥料の取入れです。今までは有機物を中心とした栽培でしたが、少量の肥料で多くの野菜が収穫できるようになり、野菜栽培の専業農家も出現し始めてきました。大正、昭和と野菜の専業が盛んになり、ハクサイ、ダイコンなどの単品を作る生産者も多くなってきます。各地に野菜産地も増えてきます。

戦後になり、農地解放をＧＨＱが行い大地主はなくなり、小作人は農地を得ることができました。現在の農家の誕生です。農家は自由に米を作り市場に出荷されましたが、統制令で米の価格は決められていました。農家は自由に販売できる野菜の生産に力を入れるようになりました。野菜種子にも大きな変化が現れ、ハイブリッド種子が誕生しました。固定種より多くの収量を得ることになり、農家は争うようにハイブリッド種子を購入して生産量を増やし、農家収入を上げるようになりました。

また、戦後の日本は高度経済成長に入って、食料の増産に力を入れて、収量の向上に力を入れ、化学肥料の製造を進めて、米の増産に繋がった。野菜を増産することにも力を入れ、反収を上げるために化学肥料の投入が多くなり、化学肥料の効果が拡がり、国、県などの試験場も野菜栽培での肥料試験もこの時代に盛んに行われました。どの畑も周年栽培で、肥料をどんどんと使い生産の向上を計っていました。その付けが廻って土壌の劣化に繋がります。

米の価格も自由になり、米は品質のよいもので競争する時代になり、各地でブランド米が現れ、米も高く販売されてきました。米で生計が立てられない地区では野菜の生産に力を入れて、おいしい野菜、健康によい野菜など消費者に好まれる野菜生産に変わってきました。野菜の生産も以前までは収量を上げることに重きを置きましたが、消費者から健康によい野菜を求めるようになり、まず、有機野菜、減農薬栽培野菜などを購入したり、栄養価のある野菜を選んで購入したりします。

これからの野菜作りは消費者の声を聴きながら行う時代になりつつあります。また、野菜生産者からは、畑の土を回復させるための土作りが重要になっています。「よい野菜はよい土から」と農家は土作りに力を入れています。

◆稲作から野菜生産への移行

稲作が日本に大陸から伝わったのが、最近の調査では縄文時代とも言われています。米を作りそれを食しました。米が日本人の主食となっていきます。稲作が長きに渡り作られてきましたが、第二次世界大戦後に欧米文化が日本に広がり、ご飯を食べるよりパンを食べる方が多くなり、少しずつ米離れが起こり、米は生産過剰になり、政府の保有米は倉庫

機械で作るレタスの畝（群馬県）

機械でレタスの畝とマルチ張りが同時に出来、
一人で出来る時代です。
機械化が進み規模拡大に繋がり、
大規模経営が出来で農業法人の助っ人になっています。

に山積みで、政府は生産調整に入り、減反政策に踏み切りました。強制的に水田に米を作らないように指導をしました。

それでも米の消費が減っていき、米は市場にあふれて、米価は下がり稲作農家の収益は下がる一方でした。今まで米を作っていれば生活が出来ると農家は思っていましたが、それが崩れて稲作では生活が出来なくなり、稲作以外で収入を得ることを考えて野菜作りに活路を求めていきました。野菜作りへの転身です。昭和五十年前半から減反された水田などで野菜作りが盛んになっていきました。野菜作りの農家も生産者の高齢化や後継者問題にぶつかり、小さな面積での野菜作りは少しずつ減っていき、大規模な集団経営の野菜作りが行われるようになりました。

◆稲作地帯と野菜作り地帯

稲作地帯は沖積土壌などに多く分布していて、水が

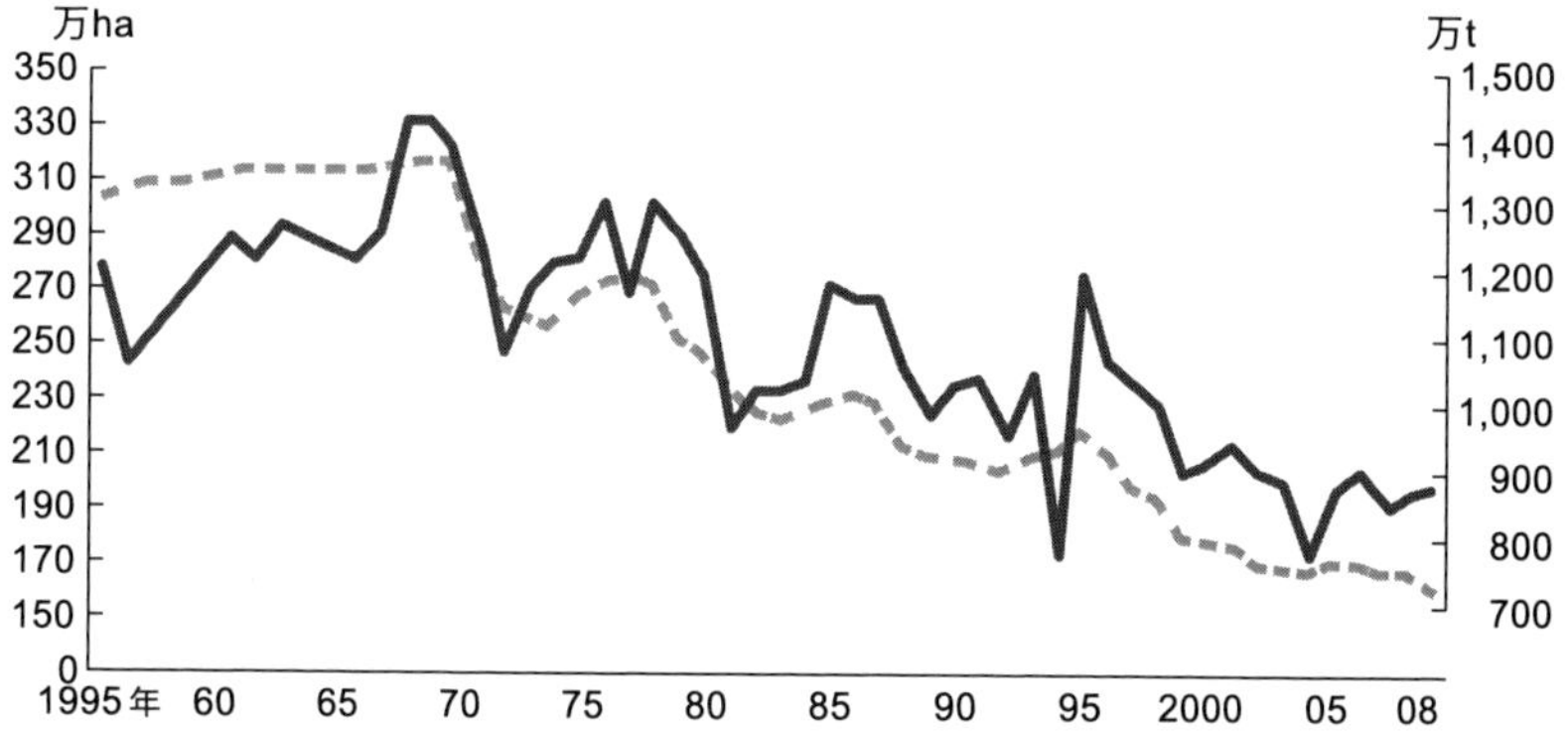

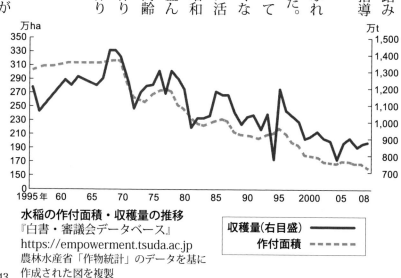

水稲の作付面積・収穫量の推移
『白書・審議会データベース』
https://empowerment.tsuda.ac.jp
農林水産省「作物統計」のデータを基に作成された図を複製

得やすい地帯でもあります。野菜作りの地帯は稲作の不向きな地帯に分布しています。野菜作りの地帯の土壌は洪積土壌で粘土質が少し含まれ、砂が含まれていますので、水はけがよい土壌になります。昔の農業は稲作が中心で、多くの稲作地帯は大きな河川の堆積した沖積土壌に分布していました。現在は水路が発達して、洪積土壌でも稲作が出来るようになりました。

埼玉県の例を挙げますと、埼玉県の東部である加須市、羽生市などは昔からの稲作地帯で、水郷地帯でもあります。埼玉県の北西部の深谷市などは洪積土壌で、水はけのよい土壌なので水田には向かなくて、昔からネギなどの野菜作りを中心とした地帯になっています。

河川がある沖積地帯は古くから稲作が行われていて、主要食糧の米がよく作られて、その地域は古くから栄えています。米が手元に常にあるために、生活は安定していました。その後、洪積地帯にも人が農業をするために移動して稲作を行うのですが、中々上手くいかなくて、稲作以外の小麦、ソバを作り、さらに、野菜作りも行うようになりました。世の中は米中心の文化で、米以外の作物では生活が安定しにくく、心にも安らぎが少なかったと思われます。これが人の気質の違いの現れになります。現在では洪積地帯でも十分に稲作が出来るようになりました。そのため昔のような気質の違いはなくなりました。

しかし、稲作地帯の今日は米で生計が立たなくなり、多くの農家は野菜作りの方向転換

転作した水田のネギ畑（山形県）　2018.8.7 撮影
水田で水はけが悪いところにも転作してネギ畑になっています。

を始めてきています。野菜作りの地帯は昔から野菜を作っていますので、現在では元気な農家になっています。昔は米が食糧のメインの稲作中心の農業でしたが、昭和後期から米に対する考え方が大きく変わりました。農家は米を作っても生活ができないと話す方が多く見受けられました。その農家はより収入のある会社に勤めて、休みに水田をする兼業農家になりました。物価が上がり米価は下がると言う現象が起こったのです。

昔から野菜作りをしている地帯の農家は物価が上がれば、野菜の価格も上がり、生活は豊かになっていきます。稲作では十アールの畑で十万円前後の収入ですが、深谷市のネギでは十アールで七十〜八十万円の収入になり、ネギの相場が良いと百五十万円ともなります。稲作と野菜作りでは大きな差が出ています。稲作地帯でも野菜作り地帯に変わりつつあります。

◆野菜栽培の専業農家の話

農家の中には水田を貸して稲作を止め、米は買って農家の収益になる野菜作りに専念している方が増えてきています。稲作は時間がかかる割に収入は少ないが、野菜に専念した方が収入になり、米は価格が安くて、作るより購入した方がよいと話す農家も多くなってきています。一軒の農家が消費する米の量は多くても二〜三俵で、仲間農家から玄米を購入すれば、一俵の価格は一万円程度です。野菜は少なくても十アールで作れば少なくても三十万円程度になります。持っている水田は稲作農家に貸してあると言われます。

第四章　稲作の変化

◆稲作技術の発達

稲作の技術の発達は目覚ましく、昭和三十年代はどの稲作農家も水田で田植えをするには手で苗を直接植えていました。田植えが終われば水田の除草の仕事が常にあり、人力で雑草を抜き取っていました。稲穂が垂れてきますと稲刈りが始まり、稲刈り用の鎌で、一株一株刈り取って、数株を束ねて竹などで作った棚に束ねた稲を干して乾燥させました。その後に乾燥すれば田んぼに脱穀機を運び、一束ごとに脱穀をしました。稲作は田植えから稲刈りまで多くの人が携わっています。

その後、田植え機が現れ、水稲の一発除草剤などが開発されて水田の除草は大きく変わりました。稲刈りもバインダーが出来、その後にコンバインの乗用の稲刈り機が出現し、稲刈りにはスピードアップになりました。稲穂の乾燥も天日干しから乾燥機での乾燥にほとんど変わっていきました。稲作に費やす労働時間は圧倒的に短くなりました。この稲作の技術は露地野菜の技術に比べて発達がはるかに速いものです。今や水田の作業は極端に少なくなり、一人で管理が出来るまでに発達しました。稲作に費やす経費は機械化により大きくなり、それに対しての稲の収益は段々と小さくなっています。一農家で水田を行うことは経費倒れになるのです。薄利多売の経営で、一歩間違えば倒産に成り兼ねない経営内容となっています。

◆昭和の稲作の変化

私が中学時代の昭和四十年代に、私の母方の実家は農家で、よく田植えや稲刈りに手伝いで行っていました。母の実家の農家は比較的大きな農家で、田植えや稲刈りになりますと、母の兄弟や近くの農家の方が手伝いに来まして、賑やかな中で作業が続けられていました。農具も現代と異なり、田植えは水田に多くの方が入り、一列に並んで一斉に稲を植えました。稲刈りは

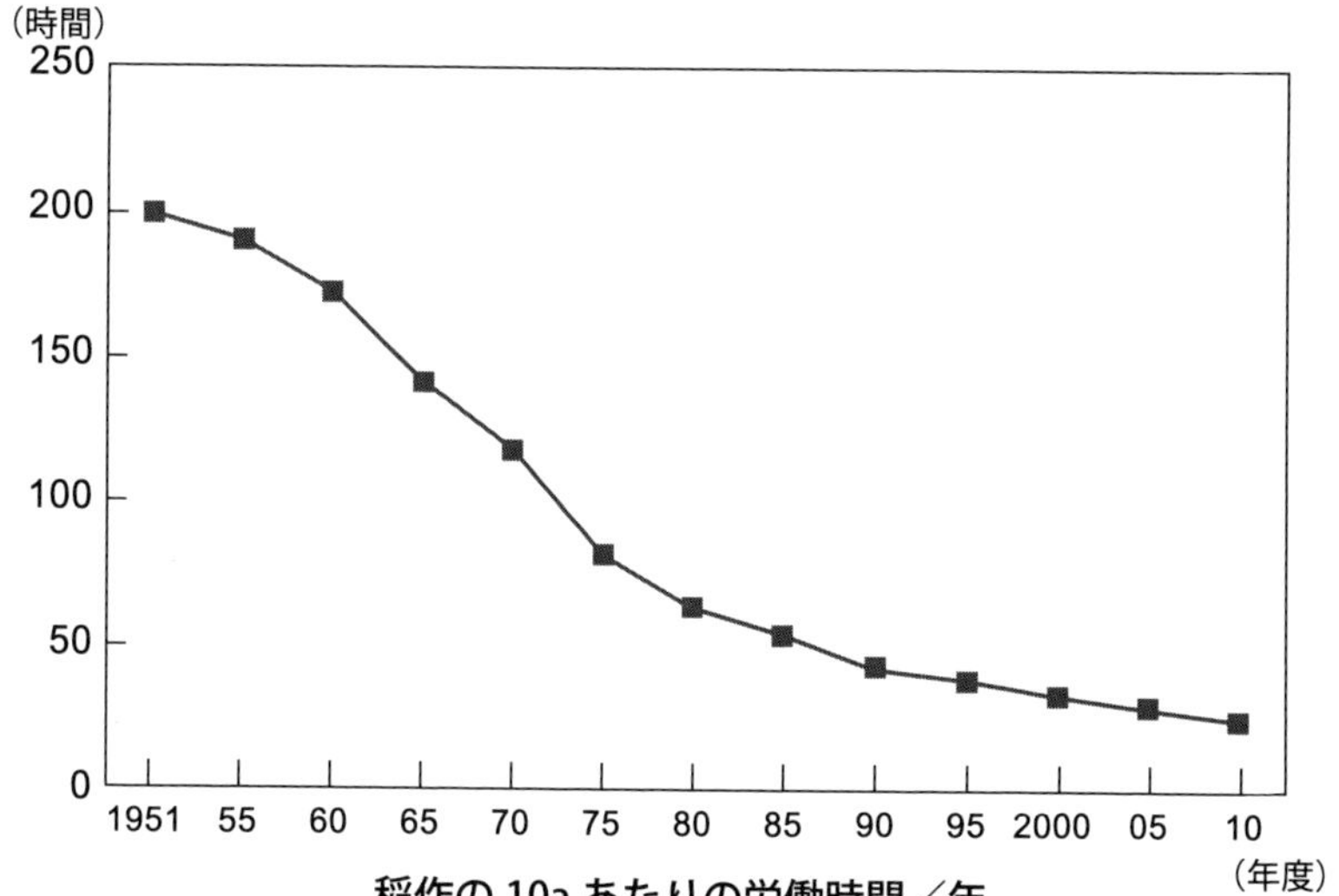

稲作の 10a あたりの労働時間／年

出典：山下一仁『日本の農業を破壊したのは誰か「農業立国」に舵を切れ』（講談社・2013）
農林水産省「農業経営統計調査」より作成されたものを複製

これも一列に並んで稲刈り用の鎌を持って稲を刈り、その刈った稲わらで束ねて水田に置いて、その置いた束ねた稲を運んで、竹で作った棚に稲の束を掛けて干しました。昼になりますとムシロなどを敷いて多くの方がそのムシロの上に座り、握り飯を頬張りました。昼は色々な話題が出て賑やかでした。稲刈りが終了しますと、母の実家に稲刈りをしてくれた方が夜に集まり、祖父、祖母が食事を用意してねぎらっていました。ほんとに集団農業で、古来に行われていた農作業の一幕でした。

それ以降になりますと、稲刈りはバインダーで行い、さらに時代が進むとコンバインになりました。稲刈りは一人で行うものだと言われるようになりました。水田には昔の賑やかさはなくなりました。大きな変化です。米の重要性は低下してしまいました。今の稲作は、経験の少ない方でもある程度の稲の収量は確保できると思います。オール機械化で、稲作をすれば手も汚さずに出来ます。

このように昭和四十年代までは米が農業の中心で、稲作が農業であり、日本の食を支えていました。しかし、昭和五十年代になり、稲作に変化が現れました。今までは政府が農家から米を高く買い上げ、消費者に安く販売をしていました。そのために、政府には、その差額が大きな借金となり、政府予算を締め付けることになり、その差額の金額は国民の税金で穴埋めをしてきました。

この関係は稲作農家と消費者はウィンウィンの関係で良かったのですが、政府の借金は増えるばかりで、この制度は廃止となり、稲作農家からの買い上げ価格は大きく下がり、稲作農家の収益は減少しました。その後に、米の消費が少なくなり、政府の保有米が増加していきました。そのために、政府は稲作の面積を減らし、減反政策が始まり、稲作農家の米の生産量が抑えられました。さらに稲作農家の収益は減少していきました。更にその後に、政府は規制緩和を行い、米の価格は自由に決めることが出来て、米の価格は安く取引されることになり、稲作農家は米で生計を立てることが困難となり、稲作から撤退する農家も増えてきました。稲作を止めて、中には野菜生産農家として生計を立てていきました。昭和には大きな稲作に変化をもたらしました。

◆移り変わる水田風景

昭和時代の高度経済成長期には工業の成長も盛んであり、当然、食糧生産も盛んで、山の奥まで水田を作り稲作をして米の増産に力を入れ、農家は生き生きとしていました。しかし、現在は山奥の水田や交通の便の悪い水田などは雑草が生えています。また、機械化が進み小さな水田や変形している水田にはコンバインが入らないので放置して雑草が生えています。つまり、作りづらい水田は放置した方がよいと農家は考えているのです。米価が高ければ無理しても稲作をしますが、安価のために作りづらい水田は放置しています。稲作の栽培管理も手抜きする農家が最近はよく見かけます。

水田地帯を見ますと、部分的にヒエなどの雑草が稲と混ざって生えている水田を見つけます。昔から比べますと段々と増えてきているように思います。ひどい水田では稲を作っているのかヒエを作っているのかわからない場合があります。苦労して作った棚田も部分的に作付けをしていない水田が見かけられます。農家の高齢化が進むにつれて、作付けをしていない水田が多くなってきています。多くの農家の方は稲作が自給自足のために作っていると話されます。つまり、農家自身が食べていけるだけの米が収穫できればよいと言われます。

◆変わる稲作農家

私は学生の頃に農業について学んでいました。農の文字の意味も知らずに過ごしていました。最近、農の意味を調べますと、『耕作する』とあります。つまり、畑を耕して作ることで、業とはわざを示します。農業とは耕して作物を作るわざのことなのです。

前述のように、私の母の実家は昔から米作りをしていました。その当時（昭和四十年代）は米を作っていれば、農家は十分に食べていける時代でもありました。私が結婚した当時、家内の実家は養蚕を以前していまして、集落にも養蚕をしている方も多くいました。昭和五十年代までは養蚕で十分に生活ができた時代でもあります。現在、母の実家は稲作を家族が食べる分だけしていて、私の従弟は勤めに出て、その収入が生活費になっていますし、家内の実家は養蚕を止めて、家内の弟が勤めに出ています。現在、集落では養蚕をしている農家は居なくなりました。本来の農業を行っている農家はどこへ行ってしまったのでしょう。

つまり、農業では生活が出来ないと言うことになります。米の価格の低迷、絹の輸入などがあり、日本で生産する絹の価格が高く、安く日本に入って来る輸入絹に押されてしまっています。そのために、養蚕を止めざるを得ません。農業をしても儲からなく、生活が出来ないと、どの農家の方もよく耳にします。昔は生活が出来て、今では生活が出来ないのは何が原因なのでしょう。

昭和六十年代に入りますと、企業はグローバル化と騒ぎ始めます。海外進出を考えるようになり、海外の安い賃金が魅力で、海外に生産拠点を作る安い賃金で製品を作るようになりました。その反面、日本国内では仕事を失う人が多くなっていきます。正社員でなく非正社員（パート、アルバイトなど）が多くなってきました。日本で作るより海外で作った方が利益になるとの考えで、どんどん海外に進出を始めました。農産物を同様に、国産を仕入れるより海外産のものを仕入れる方が安上がりになると商社は考えて、海外に依存していきます。国産品は高いとの見方は広がり、海外産の輸入が多くなっていきます。農産物（米、野菜以外）は海外産になっています。

国民の所得は高度成長期から上昇を始めました。しかし、農産物の価格は思ったように上昇してくれませんでした。会社に勤めている方の給料と稲作で米を作って農家に入って来る収入との差が段々と広がってしまったのです。そのために、農業での生活が難しくなり、会社勤めをして農業で得た収入の足しにしていました。

国民の所得が上がれば、当然、物価も上がります。しかし、米の生産価格はあまり上がらずに低迷をしています。

◆麦類の作付け減少

日本は伝統を重んじる国と言われていますが、それは戦前までのことで、現在は伝統がだんだんと薄らいできています。戦前までは比較的自国で農産物（大豆、小麦、ソバなど）を作っていましたが、戦後になりアメリカの自由主義的な考え方が広まり、特に、高度経済成長時代に入り、日本は金持ちになり海外のものを金に物を言わせて、大幅に輸入が増加しました。農産物も自国で生産するより輸入をした方が安く買えるので、輸入業者が増加し、日本での穀物類の生産は米を残して、ほとんどが海外からの輸入になりました。

昔から伝わっていた穀物類の生産する姿は消えつつあります。そのために、海外の生産状況が悪化しますと、価格は急激に上昇して、小麦粉、そば粉などを使用している飲食店や消費者に大きな影響がでます。

最近、パン業者が増えているので、小麦の輸入は大きな影響が出てきます。農業も伝統を重んじて作物の自国生産を考えていくべきだと思います。穀物類の輸入が増加すれば価格が下がり、自国での穀物類の価格も下がります。穀物類の価格が下がってきますと、日本の農家は益々穀物類の生産を止めてしまいます。日本の昔の風物詩で麦踏みの姿が今では見えなくなりました。米も海外から輸入する量が増加しますと、日本から稲作の姿も少なくなっていくと思います。

◆稲作文化の崩壊

稲作は日本の農業の原点です。稲作は昔、集落の共同作業で、農民の繋がりは強くしていました。田植え、稲刈りなどは集落総出で行う行事です。農村に今でも残っている収穫祭が秋には行われています。収穫された農産物を神に奉納して、集落民が一同に集まって祝っています。これは稲作が日本に伝わった弥生時代から行われてきました。稲作は集団作業でした。最近の稲作を見ていますと、機械化が進み、田植えから稲刈りまで一戸の農家が行って、集団での稲作は消えてしまいました。中には農家の主人一人で稲作のすべてをしている方も居られます。稲作は米の漢字を見て、収穫するまでに八十八の作業があると言われ、米を作ることに農家は重点を置いていました。

しかし、機械化が進み、稲作に掛ける時間は大変に短くなっています。田植え機、一発処理の農薬、コンバインなど水田に行く時間は短くなっています。農家での労働時間は少なくなり、農家は稲作以外の農作物を作る方も多くなり、若い方は農家を去り、都会に出向き農業での収益より高い企業に勤める方がすごく増えています。農村から若い人が居なくなりますと、農家の水田の維持が難しくなります。農家の方も高齢化が進みますと、水田を誰かにお願いしてイネを作って頂くしかありません。

最近は水田の請負業者も多くなり、法人などの組織で何ヘクタールも稲作をしている方が日本中に居られます。その請負業者も水田の形態で、農地整理がしてある水田は借りますが、変形している水田では断られると農家の方は話されていました。コメを作らない農家が増えています。農村には高齢者しか居なくなり、限界集落になり、その後に、崩壊集落になります。水田には雑草が生え、昔の栄えていたときの面影が残っている水田は原野に戻っていきます。都会には人が集まり、地方の農村は衰退していきます。人口の偏りです。

◆ブランド米の台頭

各地で増えているブランド米は、今、消費者に受け入れられています。そのブランド米は通常に販売されている米より高く売られています。農家はブランド米の生産に力を入れています。ブランド米を作ることで稲作での生計が立てられると考えているからです。稲作の復活に農家は賭けています。減反が行われる前の価格になることを願っているのです。

まだ、稲作に力を入れている農家も全国に多く居られると感じ、稲作で生計を計れるようにと思います。しかし、あってはならないことがあります。ブランド米の増量剤と言われる米です。

私はあるブランド米の産地を見て、その本当のブランド米を生産している農家を伺ったことがあり、その農家の方が本当に美味しいブランド米を生産している水田は昔の城主様に献上した米が出来る地区で、その地区は小さな一集落に過ぎないのです。その地区の米は美味しいですが、その周辺で出来た米も集荷するときに混ぜて袋にブランド米の名前を書いて出荷しているのです。この様なことは全国でも行われていると思います。せっかくブランド米で高く売れていたのが、予想以上の販売量にもなりますと、消費者は疑いにかかります。ブランド米を長く販売を続けたいのなら、米を出荷する方のモラルにかかってきます。

◆ハイブリッド米

群馬県の農家に伺ったときに、この地区にハイブリッド米を栽培している農家がいると聞きました。そのハイブリッド米の様子を聞きましたら、その農家が聞いたことを話してくれました。収量は十アールで十三俵あり、今までの米の品種と比較しますと四〜五割の増収になると言われました。草姿が強くてコンバインで刈り取りますと大変で、普通の品種より刈る時に高い位置で刈らないと難しいと話されました。種子の価格も高くて五割増しになると言われました。普通の米品種の種子は自家採種が出来ますが、ハイブリッド種子は毎年購入となると話されました。食味にも優れていますが、農協への出荷が出来なく、飲食店などに卸していると聞いていますと言われました。

これからハイブリッド米が普及すれば、農家の稲作での収益が多くなり、米での生計も可能になると思われますが、日本国民の米の消費は伸びるどころか減ってきているのです。ハイブリット米で米の生産量が高まりますと、米の価格低下に繋がってしまいます。安価で生産して、海外に輸出することを考える必要もあります。

◆偽りの農業の発展

最近の農家は農機具を多く揃えています。畑の耕耘や水田の代掻きにはトラクターでおこないます。田植えには田植え機で稲の苗を植えます。水田の除草や消毒には一発剤と言われる除草剤で、畦から流せば水田全体に広がり、それ以降は薬剤の散布をしなくてもよいのです。稲が実ればコンバインで一斉に収穫をします。昔に比べて農作業が大変に楽になりました。

しかし、その農機具を揃えるには大変な金額が必要となります。中には借金をして購入している農家もいるようです。それだけ投資して、収穫される米は微々たるものです。さらに、スマート農業で話題になっています。トラクターが無人で畑を耕転するのです。収穫もロボットが行うのです。収穫される野菜などの金額と投資した金額が合うのでしょうか。疑問が残ります。最終的に儲かるのはメーカーではないですか。普通の農家には出来ません。

最近の農業研究機関の方は実際に手で農業をしたことがあるのでしょうか。稲作、野菜栽培には毎日の作業があります。そのＡＩ化が近年言われますが、データを多く入れないと判断が出来ないと思います。そのデータは農家によって得られたものです。机の上の空論から生まれた農業ではうまくいかないと思います。

昔から行われているハウス制御で自動にハウス換気が行われる装置が四十年以上から行われていましたが、ハウス内に作られている野菜の生育にはなかなか適応しなくて、野菜の生育と装置が制御する環境と少し差があるようです。一番大きな影響が現れるのがハウス換気です。人がハウスの換気を行う場合には少しずつ換気をして、ハウス内の湿度を徐々に下げていきます。低温期の朝のハウス内の湿度は百％近くになっています。朝日がハウスに当たりますとハウス内の気温が上昇します。ハウスは高温多湿となり野菜には良くない環境となりますので、人は野菜に合った環境にするために換気をします。その時に、装置ではハウス内環境に反応して換気をしますが、人が感じる状態と少しことなり急激な換気をします。この湿度の差が野菜の生育に影響を与えます。やはりアナログとデジタルの差ではないでしょうか。

細かい野菜の変化には装置では感じることができないと思います。ある程度の野菜作りで、大きなハウスでの作業を逓減するには装置の導入を考えてもよいですが、最近、手作りのものが好まれている時代に、よい野菜を出荷するには人の目が必要と思います。百パーセント装置化で野菜作りは出来ませんので、人と装置が組み合わせた野菜作りをするべきです。

農業の所得は他の企業より少ない中で、設備投資の割合が大きいと私は思います。農家の所得は野菜の出荷した金額から必要経費を引いたものです。そのときに、農家の方の労働の代金は無視しています。労働の代金を出荷経費に入れますと、農業は儲かっているとは言えないのではないでしょうか。農機具の減価償却も無視しています。企業では出来た製品に労働者の給料も含まれた金額になっています。農業は他の産業とは別に考えて下さい。

米を作るのは農家で、その技術を開発するのが研究機関です。稲作技術は日進月歩で進んでいます。その技術から作られた機械の価格は大変に高いものになります。それを使うのは農家の方です。経営の小さな農家ではその機械を購入することは困難で、もし購入しても使用する時間が短くて、ほとんどの時間は納屋で休んでいると思います。現在でもトラクター、田植え機、コンバインは納屋に居る時間がほとんどで、稲作農家のトラクターの時間メーターを見ますと、十年経過したトラクターでも二百〜三百時間程度です。稲作を楽にするための技術開発も良いですが、もっと農家に合った機械開発が望まれるのではないでしょうか。

第五章　日本人にとっての稲作と野菜作り

◆日本人は農耕民族

農家に稲作は儲かりますかと聞きますと、どの農家も利益は少ないですと答えがきます。稲作だけでは食べていけませんと話してくれました。多くの農家が所有している水田の面積は一～二ヘクタールで、十アール（一反歩）の米の生産量は七俵前後です。最近の農協出荷された米価は一俵が一万円そこそこです。農家の方は詳しくは話さないですが、私の感じでは十アールでの販売金額は十万円程度ではないでしょうか。そこから稲作に掛かる経費を引きますと、農家の方は出荷金額の半分程度しか残らないと話されます。私は米では生計が無理と思いました。なぜ、農家は儲からない稲作をするのかを考えますと、先祖から受け継いだ水田があること、稲作に慣れていて、さらに高齢であるために野菜栽培に取り組めない農家も多いのです。

日本人の根底には農耕民族のＤＮＡがあると思われます。弥生時代から続く二千年以上続けられた稲作文化が根強く受け継がれていると思います。米文化が長く続いていて、稲作に不向きな地帯でも水田にしています。また、稲作をしなくなりますと集落の付き合いが少なくなります。それが怖くて稲作を続けるしかないのです。最近は高齢で稲作が出来ない農家は法人に土地を貸してしまいます。借り手側は作付面積が多くなり、多い面積を借りている法人では五十ヘクタール以上に上ります。稲作経営の変化が始まっています。

野菜作りが主な収入になっている農家でも稲作をしています。秋になり稲刈りシーズンになりますと、野菜作りの手を抜いて田んぼに向かう方がすごく多く見られます。日本の農家の中には稲作のＤＮＡが組み込まれているのではないかと思わせるくらいの行動を取ります。そのときに、日本人は農耕民族の血が流れていると感じます。ある大きなキュウリ産地の農協では、露地キュウリを九月中旬に止めて、稲刈りに力を入れると農家の方は話されています。露地キュウリを十月中旬まで一か月間収穫を行った方がお金になると思いますが、キュウリより稲作の方が良いようです。やはり農耕民族ですね。

◆根っからの稲作農家

昔から米は大事なものと教えられてきた農家の高齢者が台風になると近くの水田の見回りに出ます。米などの金額はたいしたものではないが、米が大事でと水田に行く老人が多いです。また、朝夕に水田の水回りを見にいきます。稲作が始まりますと頭の中は稲作で一杯となるようです。その農家の倅が野菜を作りたいと親に話すと、親は今まで通り稲作をしていればよいと言われ、手の掛かる野菜作りはしない方がよいと倅の野菜作りの芽を摘んでしまうのです。稲作は野菜作りに比べて労働時間はすごく少なく、一作に五十時間程度で米は作れるのです。稲作から野菜作りにはなかなか移らないのは、根底に稲作の血が流れていると思います。

◆日本人と米

昔、約二千年前の弥生時代から日本人は稲作を中心とした社会でありました。これが変化を始めたのが、戦後のアメリカによるパンの勧めです。パン食を勧めて小麦粉を輸入させるための策略とも思います。学校給食もパンになり、米を食べると胃がんになるとのうわさも広がり、パンへの志向が高まりました。

昭和四十年代の頃で、私の作物学の指導教官はイネの研究をしていました。胃がんと米とは全く関係がなく、小麦粉の消費を高めるための方法と話していました。主食の多用化で、現在は米との結びつきが薄らいてきました。しかし、長く米と日本人の結びつきは長く続きました。農家はまだ米との結びつきは続いています。

◆集落の繋がりが強い稲作

水田の多くは水田同士が繋がっています。その水田に水を入れる場合に、高い所にある水田から徐々に下にある水田に水が流れていきます。どの集落にも水利組合があり、水田に水を引く時期を組合員が集まって決めています。水は大事なものなのです。水は水田から水田へと流れていきます。もし、どこかの水田が稲作を止めることになれば水の流れは止まってしまいます。中には稲作を止めても農耕放棄地に水を入れて、次の水田に水を流すようにしている農家もいます。繋がりがあるために、なかなか稲作を止めることが出来ないのです。

◆米の価値観の変化

昔から税で納めるには米で行われ、貨幣経済になっても税は米で納められていました。税制は米中心で、米が国の重要なものになっていました。戦国時代には武将の権力を示すものに石高がありました。石高の高い武将は大いに権力を示していました。戦国大名は領地を増やすために戦いをして石高を上げるために戦いをしていたのです。米の収穫量を上げることが強い国を示すと考えていたのです。

その重要な米が明治時代以降になり、徐々に米の重要性が少しずつ低下し始め、特に、昭和の戦後になりますと、米の需要が減り、国民の米離れも進み、米の消費が減少してきました。そのために、米の生産を制限する時代へと変わり、消費が減ったために米の価格は低迷して、稲作農家は米では生活が出来なくなり、会社に勤めたり、野菜生産農家へと転身したりして農家の経営も変わってきました。水田地帯には放置してある水田が全国に広がってきています。昔は新田開発で野山を切り崩して水田に変えて、少しでも米の収量を上げることに努力をしていましたが、今は水田が放置される時代へと変化してきたのです。

◆稲作の今と昔

減反政策以前は農家の米の出荷価格は一俵が三万円程度で、現在の米の出荷価格の三倍近くになります。その当時の農家の稲作の作付面積は一～二ヘクタールが一般的でありました。農家はその水田で米を作れば、十分に生活が出来ました。もっと大きな水田を持っている農家は立派な家を建てた方もいましたと農家の方は話されていました。

現在では米で生計を立てることはむずかしいと話されました。どうして儲からない米を農家は作っているのかを伺うと、「道楽で米を作っているのではないか」「昔から米を作っていて先祖代々から伝わっている本能的なものではないか」「つい水田に向かってしまう」と農家の方は話していました。

それを伺って、私は日本人が農耕民族であることを感じました。今では五ヘクタールの稲作でかろうじて生活が出来て、十ヘクタールくらいの稲作を行えば十分な生活が出来るのではと話されました。この地区にも三十ヘクタールの水田に稲作をしている方がおられて、すごく収益が上がっていると思っていましたら、面積が多すぎて常に水田の全部まで目が行き届かなくて、収量の少ない水田が多くなると言われ、病気の発生も多いと言われました。他人の水田を借りて米を増産することにも問題があるようです。

伺った農家は二十五アールのハウスでキュウリを作付けしています。農家の主人はキュウリの一日の出荷金額と十アール水田で収穫された米の金額と同じだと言われ、十日間キュウリを収穫すれば、稲作の一ヘクタールの作付けした稲作に匹敵すると話されました。

◆野菜より稲作

秋の稔りの時期になり、水田は黄金色に変わり稲刈りの時期を迎えています。ある露地キュウリの産地で、農家の方々が立ち話をしています。「そろそろかな、いつ稲刈りをする」、「今年は豊作のような気がする」、「あと三日後くらいかな」などと稲刈りに大きな期待を持ちながら話をしています。集落のひとりが稲刈りを始めると、集落の人々はそれを見て、稲刈りを一斉に始め、水田はコンバインの群れになり、葉を食べているアオムシのように稲を刈っていき、見る見る内に稲はコンバインに吸い込まれていきます。

その稲刈りをしている方の中には露地キュウリを作っていて、キュウリの収穫最盛期なのに、朝夕の収穫だけをして、栽培管理をほとんど放棄して、稲刈りに力を入れています。

十アールの水田で出荷する米の金額は十万円程度ですが、キュウリは十アールの畑で、一日で二十〜三十ケース（五kg詰）の収量があり、キュウリの出荷金額は一ケースの平均価格は約千二百円します。十アールの畑で、一日の出荷金額は二万四千〜三万六千円となり、キュウリを十日間収穫しますと、二十四万〜三十六万円となります。

稲刈りに夢中になって、キュウリの栽培管理をしないと、露地キュウリの多くは病気が発生して、キュウリがダメになり、それ以降の収量は激減して、栽培を断念せざるを得ません。キュウリの栽培管理に力を入れていれば、もっと長くキュウリ栽培が続けられて、収益も高くなると思います。農家の方はキュウリが米より儲かることは知っていますが、米の収穫が近くなると気は米に行きます。日本人は米に執着していることがよく分かります。

最近、農家の中には米が儲からないこと知っていて、稲作を止めて野菜作りに専念し、食べる分の米は買っていると話されます。少し米を作っている方は、出荷をするのではなくて、自宅で食べる量や親戚に送るために作っていると話しています。持っている水田をすべて稲作農家に貸してしまう農家も増えてきています。稲作をする農家は減少し、出荷金額の高い野菜栽培に力を入れる方が増えてきています。稲作から野菜作りに大きく舵を取り始めてきています。これが現在の日本の農業です。

◆農機具の購入の話

　専業農家は全国に四十万戸も無くて、その農家の多くは稲作だけでなくて、野菜の生産も行っています。稲作とトマト、キュウリ、ナス、ピーマン、スイカ、ホウレンソウ、コマツナ、キャベツなど色々な野菜との二股農業です。農家で話していますと、稲作に使う農機具は色々あり、トラクター、田植え機、コンバイン、乾燥機などを持っています。稲作だけでこの農機具を購入することはできません。トラクターでも五十馬力であれば約五百万円程度掛ります。

　農機具は高価なもので、稲作での収益では到底買えられるものではないと農家の方は話されています。稲作と一緒にキュウリ栽培をして、その儲けで農機具を購入している訳です。法人で十ヘクタール以上の方なら稲作での利益で購入できると思いますが、二ヘクタール程度の稲作農家では農機具の更新は難しいのではないですかとも話されています。

　あるキュウリを作っている農家の方は、キュウリに労力を重視するために、水田は他人に作らせて、稲作に使う農機具はすべて売り払ったと話されています。稲作に力を入れるよりキュウリ栽培に力を入れた方がお金になりますとも話されました。稲作で使う農機具は高価で使用する時間が短いので、体には楽ですが懐には効きますと話す農家もいます。それに比べますと野菜作りは稲作より農機具に掛ける金額も少なくて、利益が上がります。

◆稲作にかかる経費

最近の稲作は農機具がなければ出来ない農業になっています。稲作農家には農機具として、田起こしや代掻きに使うトラクター、田植えは手で行う方はほとんどいません。どこの農家も田植え機で行っています。稲の収穫時期になりますと、コンバインで収穫する方が多く、中にはバインダーで刈る方も居ますが、手刈りをする方などはほとんど見かけません。コンバイン、バインダーなどの農機具で行っています。

コンバインでの収穫は籾となって、自動車で農協のカントリーの乾燥機に入れますが、最近は自宅に乾燥機を設置してある方も多く、自宅で乾燥させます。バインダーで収穫した稲は天日干しで自然乾燥させて、脱穀し、籾摺り機で玄米となります。乾燥機で乾燥した籾は籾摺り機で玄米になり、農協の米倉に貯蔵されます。凄い設備投資になります。全ての農機具を揃えるには大金が必要となり、小規模の稲作農家は水田を貸して米を作ってもらっているのが現状です。儲からない稲作は多くの設備投資が必要で、稲作で食べていくには大面積が要ります。

つまり、稲作の大規模経営をすれば可能になります。小規模の稲作農家は止めていくしかないと思います。大規模農家のために、政府が行っている基盤整備が物語っています。二~三ヘクタールの水田では経営が成り立って行かないのです。規模の小さい稲作農家はそれ以外の農業で稼ぐことを考えて、野菜作りに進んでいきました。

◆農家はどうして儲からない稲作をするのか

日本の農業従事者は百五十万人程度と言われています。その人たちは稲作を多少に関わらず行っています。もし、稲作の作付けが二ヘクタールであれば、米の出荷金額が二百万円程度で、これから必要経費を引きますと、残金はいくらになるのかを考えますと、稲作では生計を立てるには不可能かと思います。

そのために、農家は稲作以外からの収入を考える必要が出てきます。その収入源として、稲作以外の作物を作る道を取るか、会社などに勤める兼業農家の道を取るかを選ぶことになります。

昔は稲作をしていれば生活が出来たのですが、米の価格が下がり、現在ではそれで生計を立てることは夢となっています。その生計が立てられない稲作をどのような気持ちで稲作をしているのかを知りたいものです。農家にその理由を伺うと、農家が稲作を続けているのは先祖から受け継いできた水田を守るために米を作っています。そこには損得がなく、ただ、毎年、米を作っているから続けています。

農家も高齢化が進み、若い者は都会などに行ってしまい、残った年寄りが田畑で作物を作り、水田の稲作は今まで通り行っていています。高齢になった農家が新規に水田を畑に変えて野菜を作ることは難しいと話されます。また、水田には水はけが悪いところが多くあり、野菜作りには不向きであるとも言われました。このような理由で、儲からない稲作を続けざるを得ないと話して頂きました。さらに、稲作をしていない空いた水田がありますと世間体が悪く、集落の方に対しての恥でもあると言われ、必ず水田には稲を作っておく必要があります。

◆稲作と野菜の複合的な経営

群馬県のある農家の事例を挙げて説明します。この農家はハウスキュウリの栽培と露地ナスの栽培をしていて、それに五ヘクタールの稲作をしています。キュウリはハウスを二つ持っていて、促成と抑制の二つの作型をしていて、作付けする面積は六百五十坪となります。露地ナスは約五百四十坪の畑で栽培をしています。家族労働は夫婦と倅の三人で行っています。稲作は主人が一人で全ての作業をしていますが、田植えの時期には倅も一部を手伝います。

野菜でハウスキュウリと露地ナスの組み合わせがよく、ハウス促成キュウリは一月に定植して、収穫が三月から六月下旬で、ハウス抑制キュウリは八月に定植をして、九月から十二月まで収穫をします。露地ナスは五月に定植して、七月から九月末まで収穫をします。キュウリの出荷がない時期はナスを出荷しています。稲刈りは抑制キュウリが成り始めた頃に主人がコンバインで約五日間と短時間で行ってしまいます。稲作にはほとんど労働時間は必要がないのです。この農家の収入のメインはキュウリとナスになります。

農家の主人に話しを伺うと、稲作での収入は微々たるもので、この地域では十アールで玄米七俵くらいと言われています。五ヘクタールでも約三百五十表余りですと言われ、金額にしても約四百二十万円程度なのでと話されました。その稲作で使っている農機具にはトラクター、田植え機、コンバイン、乾燥機などがあり、その価格はトラクターの四十馬力が四百五十万円、田植え機の六条植えが二百五十万円くらい、コンバイン六条刈りが一千万円程度、それに自宅用の籾乾燥機があります。それを揃えるには米の収益では無理でありますと話された。ナスの出荷代金は米の収益より多く、五百四十坪のナスの方が多く、近くの農家も水田でナスを作り始めていると話された。水田に使う農機具も修理が多いし、買い替える必要も出て来ると言われ、その金額も大きいとも話された。

農機具の購入代金はキュウリとナスの売り上げから支払っていると話され、野菜を作っていなければ農機具の購入は絶対に出来ないと話し、米の収益では何も購入することが出来ないとも言われた。稲作を続けようと考えるなら、農機具の購入ができる野菜作りでお金を稼いで、そのお金で儲からない稲作をすることになります。その農家は道楽で稲作をしているので、いつ止めてもよい稲作ですと農家は話していました。

周辺の零細稲作農家は次々と稲作を止めて野菜作りに転換して、水田は農業法人などに作付けをお願いしている方が多いです。その様な稲作をしなくなった水田を借り受けている法人も人手が必要で、多くの水田を管理するには経験の少ない若い人を雇っているので、稲作が上手く出来ていないのが現状だと話されていました。稲作農家はいつ止めてもいい米作りをしている訳です。

第六章　稲作後継者の減少

◆農業の形態の変化、専業農家の高齢化と後継者問題

日本国民の所得が上がってきたものの、農産物の価格は思ったより低く、逆に下がっている農産物もあります。農家も所得を上げるために規模拡大を図るようになり、規模の拡大が出来ない農家は専業農家として農業が出来なくなり、兼業農家になっていきました。益々、兼業農家の割合が多くなっています。

規模を拡大した農家は面積を増やし、雇用者に農業をさせて、出荷量を増やして農業所得を高めてきています。小さな面積で農業をする時代から大きな面積で多くの野菜を出荷する時代に変化してきています。

◆現在の日本の稲作

農家の高齢化は大きな問題になっています。農家の若い人は農業を継がずに都会に仕事を求めて出ていきます。残った高齢の親は先祖から受け継がれてきた水田で米を作ってい

ますが、体が動かなくなりますと、近くの同様の高齢からも元気な方にお願いして、水田で米を代わりに作って頂くようにしています。最近ではお金を払って作って頂くことも多くなりました。水田を開けておくことが恥ずかしいのです。

引き受ける農家も水田の形を見て、整備してある水田は快く受けますが、形が変形している区画整備をしていない水田は断られるようです。借り手中心になっています。色々なところから水田を借りて作っている農家の方はボランティアですよと話されます。大きな面積の水田を管理しますには、機械化が必要です。特に、稲刈りの時期に使うコンバインです。稲刈り前の整備費、稲刈りの最中の故障修理費が高くて、利益に繋がらないと言われます。大規模になりますと、人件費も増えます。米の価格は低迷しています。経常利益の低い仕事です。国からの補助がなければ経営は厳しいと言えます。

◆農家の高齢化

一般的な規模の農家を伺うと、多くの農家の方は六十歳を越えた夫婦が居られて、若い人の姿は見受けられません。子供さんは居ますかと聞きますと、子供夫婦は都会に住んでいて家には住んでいないとか、子供は近くの工場に働きに出ていて、夜には家に帰って来るとか話されます。稲作は老夫婦でしていると言われました。

専業農家の方の平均年齢は六十七歳とか聞いています。農業をしている方の多くは六十代、七十代、八十代で行っているのです。春になると水田の代掻きでトラクターに乗っているのはほとんどが老人なのです。田植えの時期になりますと、子供が帰ってきて田植え機で田植えをしている方が多く見られますが、その後の水田の管理は老夫婦が行っています。

老人の農作業が出来なくなれば、子供が農家に戻って継ぐのではなくて、老人が作っていた水田を放置して、都会に子供夫婦が住んでいる家に身を寄せることになる場合が多いと言われています。その老夫婦が住んでいた農家は空き家になります。後継者となり農家に戻って農業を継いでくれる若者はほんの一握りに過ぎないのです。

◆稲作も分業制

稲作を止めて野菜作りに特化する農家もいれば、稲作を止めた農家の水田を借り受けて規模拡大して

	農家数	農業専従者がいる農家	60歳未満の男子専従者がいる農家	同、農家全体に占める割合（%）	15歳以上の跡継ぎがいる農家	自営農業が主の跡継ぎがいる農家	同、農家全体に占める割合（%）
総農家							
1970（昭45）	5402	3127	…	…	…	…	…
1975（昭50）	4953	2228	1250	25.2	…	…	…
1980（昭55）	4661	1830	1033	22.2	…	…	…
1985（昭60）	4376	1650	867	19.8	…	…	…
1989（平1）	4194	1437	702	16.7	2311	246	5.9

農家の労働力と後継者の有無（単位　千戸）
農林水産省サイト統計データによる。

稲作をする農家もあります。最近、このパターンが増加しています。先祖から受け継いだ水田ですが、規模の小さな水田では稲作を止めたい方もいますし、高齢で小さな水田を手放す方もいます。これは機械化が進み、ほとんどの水田はコンバインやバインダーで稲刈りをしています。

稲作に農機具を揃えるのにお金をかける価値があるかを考える方が多く、農機具を諦めて水田での稲作を止める農家も多いです。現在の稲刈りは十アールの水田を大きなコンバインでは十五分足らずで終わらせてしまいます。規模の小さい水田の農家は稲作を止めざるを得ません。農機具を揃えた規模拡大の農家と水田経営から止める農家にと分業していくと思います。稲作農家は益々消えていきます。

◆農業の後継者の考え

キュウリ栽培の専業農家に伺いますと、若い後継者の方が仕事をしています。そこの主人に伺うと、倅は家の農家を継いでくれたが、倅はキュウリも手伝ってくれるが、倅はブロッコリーを別の畑で作っていますと言われ、主人の方は「親父がキュウリを作ることが出来なくなれば、キュウリを作っている畑は全てブロッコリーにすると言っていた」と話してくれました。

若い農家後継者の方は手の掛かる果菜の栽培より、露地野菜（キャベツ、ブロッコリー、レ

キュウリ専業農家のハウスキュウリ(埼玉県)
2017.6.23 撮影
以前はキュウリ専業農家であった父が作っているハウスキュウリで、その農家の後継者はキュウリ栽培を継がずにブロッコリー作りに強い興味を持ち、父がキュウリ作りを止めたら、キュウリ栽培を止めて、全てをブロッコリー栽培に変えると話していました。

収穫されたブロッコリー（埼玉県） 2018.10.18 撮影
キュウリ専業農家の後継者が作っている
収穫直後のブロッコリーで、作っている総面積は
８ヘクタールにもなります。

タスなど）に興味を持っていて、作業面で楽な点と、比較的反収が上がることが人気になっていると思われます。市場流通より市場外流通を考えていて、スーパーなどと契約栽培をすることとです。上手く契約出来れば、加工キャベツとして出荷すれば、一個五十円程度で売れ、スーパーなどにブロッコリー一個八十円程度で契約できます。

市場流通では価格の変動が大きくて、キャベツ、ブロッコリー、レタスなどの安価では、出荷するのに経費が掛かります。その経費は詰める段ボール箱、運賃、農協などの口銭、市場の口銭があります。キャベツ一個の価格が二十円では市場に出荷しますと赤字になります。スーパーや加工業者などとの契約では、多少の変動はありますが、十アールでの収益が計算できます。農家経営には最適な方法です。それに、露地野菜は規模の拡大が出来ますが、キュウリ栽培では十アールの畑を管理するには少なくても一人以上は必要となります。

キャベツでは一ヘクタールでも植え付けてしまいますと、後の管理は少ないのです。機械化での管理ができます。作業面で楽なので、生産者には余裕が出来ます。果菜類を栽培していますと、毎日、畑に向かって行き、管理が必要となります。それを考えますと若い後継者の方は露地野菜を栽培する方向になります。果菜の栽培には技術と手間が多く掛かります。

◆野菜生産農家の後継者の割合が高い

野菜を作っている産地の農家の収益が高いので、野菜作りに興味を示す農家の子供は農家を継いでもよいと考える方が多いです。著者が住む埼玉県で説明しますと、県北の深谷市、本庄市などは野菜の大産地です。ネギ、ホウレンソウ、キュウリ、ブロッコリーなどを作る農家が多く、その農家の倅たちは農家を継いでいます。十アール当たりの収益が高く、企業に就職するより儲かるとの気持ちが大きいと考えられます。稲作をしている兼業農家では後継者はなかなか就きません。

稲作を中心としている農家には後継者もいますが、水田の所有面積が一〜二ヘクタールでは生活ができないと考えて家を継ぐ方は少なくなります。十ヘクタール以上の水田を経営している農家は、稲作以外に小麦、ソバ、飼料米などの栽培をしますと。国から補助金が出ます。その金額だけでも大きな収益になります。飼料米を十アール作れば、補助金が十万円程度の収益になります。大豆や小麦なども補助金が出ます。

大きな稲作経営をすれば、ある程度の収益になってきます。稲作以外の収益も大きいと思います。そのために、大規模な稲作経営をしている農家には後継者がいるのです。ある農家がブロッコリーを八ヘクタール作付けしています。その売り上げは二千万円以上となります。当然、この農家には後継者がいます。これからはこのような野菜生産農家が段々と増えてくるのではないでしょうか。

第七章　野菜作りをする法人

◆日本で消えゆく果菜の露地栽培

現在、日本の各地で果菜（キュウリ、トマト、カボチャ、ナスなど）の露地栽培が毎年減少傾向にあります。昔はどの野菜でも露地栽培でしたが、戦後に被覆材であるビニールが作られて、ハウス栽培が徐々に増えてきました。現在ではどの果菜でもハウス栽培に移行しています。

昔、トマトは露地栽培が普通でしたが、現在のトマト栽培はほとんどがハウス栽培に変わってきました。品種も露地栽培のときには雨に強かったが、最近のトマト品種は雨に当たると病気が発生するために、露地でも雨よけをして栽培をします。昔のような雨に強い品種が求められています。トマトを出荷している生産者の方の栽培はほとんどがハウス栽培になっています。露地栽培のトマトよりハウス栽培のトマトの方が品質の良い点でハウス栽培をしていると思います。露地トマトは蔕の近くに発生する裂果がよく発生します。また、生産者の方は周年栽培を行いますのでハウスを利用します。トマトは低温に弱いので、冬の栽培が露地では出来ません。そのために露地栽培の姿が消えていきました。

　キュウリの露地栽培も毎年減少をしています。露地キュウリを栽培している方の年齢は高くて、六十歳以上の方がほとんどです。露地キュウリの仕事は大変で、収穫は朝夕の二回行います。朝の収穫は五時前から行われ、収穫したキュウリは荷作りをして、すぐに出荷場に運ばれます。その出荷が終われば畑に向かって行き、枝摘みや葉を摘んだりします。ときには農薬散布もします。三時過ぎになれば夕方の収穫に入ります。キュウリ様に追われる生活になります。キュウリ農家の後継者であるはずの子どもはこの露地キュウリ栽培を四六時中見ていますので、露地キュウリは大変な仕事だと思い込み、露地キュウリを継がずにサラリーマンを選んでしまいます。これが大きな原因の一つでもあります。

　本来はキュウリの旬は夏ですから、本当においしいキュウリは露地栽培のキュウリなのです。高知県の子供にキュウリの旬はいつですかと尋ねると、ほとんどの子供は秋から冬ですと応えます。これは高知県のキュウリ栽培はほとんどがハウス栽培で、初秋にハウスに植えて、冬に最盛期を迎える栽培なので、キュウリの出荷は冬と思っているのです。

◆日本から消え去るキュウリの露地栽培

　私はキュウリに携わって四十年以上経ちます。夏になれば夏秋キュウリの栽培指導に露地キュウリを栽培している産地に向かいます。今から四十年前には日本全国に露地キュウリが盛んに作られていました。大きな産地として、福島県の岩瀬地区が日本一の露地産地で、その地区の露地キュウリの面積は何百町歩と言われていました。今でも岩瀬地区で露地キュウリを栽培している生産者の方を伺うと、昔話に聞かされるのは、一集落の寄り合いで、集会場に集まるとキュウリの話しで一杯でした。ほとんどの集落の方はキュウリを作られていて、何人かがキュウリを作ってなく、話に交わることが出来なかったと話されました。

昔は道路を自動車で走ると右も左も露地キュウリ畑でした。現在、露地キュウリ畑を見つけることが難しいほど畑が減りました。逆に、集落で露地キュウリを作っている方がほんの少しになってしまいました。どうしてこんなに露地キュウリ栽培が激減してしまったのかを考えます。

露地キュウリ栽培の後継者不足があり、生産者の高齢化による面積の減少もあります。私は農業地帯に工場の進出が多いと考えています。作っている野菜価格は不安定で、毎年価格が異なり、農家の生活は安定しません。工場に勤めるサラリーマンは毎月に安定した給料が頂けます。勤務時間も決まっていて、生活の保障があります。工場の進出の条件には高速道路の完備で、大都市から離れていても高速道路で繋がっています。農業も高速道路で大都市に農産物を今まで以上に送れます。工場が進出したのは、流通だけでなく、農家の労働力で、その労力に支えられています。その労力は農業をしていた方なのです。

東北の山の中のキュウリ畑（青森県） 2019.9.6 撮影
昔は山奥まで稲作を作っていましたが、
今ではその水田は転作して露地キュウリ畑になっています。

野菜作りは単位当たりの収益に個人差があり、上手く野菜を作る方は益々野菜作りに励んでいきますが、成績の悪い方は野菜作りを止めて、確実に収入のある工場などに勤めに出ます。近くに工場があるがゆえにサラリーマンになってしまいます。しかし、これからの地方にある工場も安心はできないと思います。

日本は何でもグローバル化を推し進めたために、工場は海外に出てしまっています。日本人より安い賃金で働く労働者を得て、工業製品を作り、日本に輸入しています。日本にある産業は疲弊しかかっています。企業には利益がありますが、労働者は仕事を失い、生活の安定も失われつつあります。かつて高度経済成長期には労働者は工場でよく働き、日本の経済は一時的に世界一になりました。まだ日本人はその記憶が国民に定着していて、日本は金持ちだと思っている方が多いのです。

今の日本人の労働力で製造している工業製品の量は先進国の最下位に近いところに位置しています。労働生産性の低い国になってしまいました。日本は老齢先進国になったのです。野菜作りでも最盛期を過ぎれば収量も減少します。経済も同じです。

露地キュウリ栽培をしている方は高齢者が多く、私がキュウリの栽培講習会をしますと、集合される農家の方は六十歳以上の方で、中には八十歳以上の方も居られます。そして、集まる人数も少なくて、二十名程度集まればよい方で、中には十名以下の場合もあります。

今から三十年以上前では、大きな会場に五十～百名の生産者が集まり、講習会も賑やかでした。露地キュウリを作る方は減ってしまったのです。

高齢な生産者たちに後継者は居ますかと伺いますと、ほとんどの方はいないと言われます。「倅は居ますがキュウリ栽培には興味を示さないのです。コンバインでの稲刈りをしてくれますが、手伝ってもくれません」と言われました。どの露地キュウリ産地の面積は最盛期の時から比べますと、十分の一から五分の一になっているのではないかと思います。美味しい露地キュウリの姿が消えていくのではないかと危惧します。キュウリの旬の味を残したいものです。

◆若者はなぜ農業を継がないのか

若者は農業を三Kとして見ていて、かなりの重労働であると決めつけています。しかし、年を取って会社を退社しますと、故郷に戻り、親のしていた農業に就く方が多くいます。年を取って農業の良さが分かってくるのです。農家で生まれた子供は両親の仕事を常に見ていています。その仕事を見て継ぐのを止めてしまうのですし、農家の親も農業は大変なので会社に就職することを勧めます。娘さんがいますと、農家には嫁に行くなと話しています。

露地キュウリの作業を見ていますと大変さが分かります。なぜその大変な露地キュウリ栽培を進んで行うのか。それは換金作物の一つで、十アール当たりの収益が高いのです。

露地キュウリの収穫が始まりますと、朝は五時前に畑の露地キュウリの収穫を始め、夕方の三時過ぎには畑で露地キュウリを収穫しています。収穫の間にはキュウリの枝摘みや葉摘みの管理作業があり、病気の予防のための農薬散布もしなくてはいけないのです。さらに、収穫した果実を選果して、出荷箱に詰めることもして、働きづめなのです。キュウリの選果は二十近くの規格があり、種選別に時間がかかります。露地キュウリをしている農家の方に話を聞きますと、多くの方は寝る暇がないくらい忙しいと話されます。

その露地キュウリを生産している農家の子供はその姿を見て、いくら儲かる仕事でも継ぐ気にはなれません。若者はもっと楽な仕事で、若いうちは遊びたいこともあります。多くの若者は農業に就くことを敬遠しているのは事実です。人間欲が出てくる年になりますと、農業に戻ってくる人が多くなります。

◆専業農家の減少

今、若者を中心に田舎に移り農業を始める方がよくマスコミで報道さています。その内容は有機栽培で作った野菜や特殊な栽培で作ったブランド野菜（差別化野菜）など少量の野菜を出荷がされています。確かに、その野菜は人気があり、一部の消費者に購入されています。ブランド野菜は日本の食糧となる野菜生産にはならず、農産物を生産している農家の減少を食い止める効果はないのです。

農産物を増産することとブランド野菜（差別化野菜）の生産とは食料問題の解決とは異なり、専業農家の増加には結びつかないと思います。毎年、十万戸程度の専業農家の減少があり、零細で高齢化になり、後継者もいない農家は消えていくしかないと思います。結局は農産物を生産している専業農家の減少を食い止めることが日本の食糧問題の解決となります。

野菜生産農家も稲作農家と同じようなる傾向になりつつあります。規模の小さな農家は専業農家から兼業農家になり、直売所などに出荷するようになっていきます。これからの農産物の出荷体系は徐々に変化していき、兼業農家、高齢化した農家、農業に興味を持ち農家になった方などが出荷している地産野菜として出荷する直売所やスーパーなどの地産野菜コーナーなどに出荷する方が大きく増えて、市場流通となる農産物は減少していくと思われます。昔からの農家のスタイルは変わり、本来の農家は消えつつあるのではないでしょうか。

◆野菜作りをしている農家も減少

稲作で利益が上がらず、稲作を止めた農家もある中で、野菜作りに変更した農家も多く、野菜作りは稲作とは異なり、野菜作りの世話をするのに時間が掛かることです。しかし、収益性は高くて野菜作りに変更した農家は生活をするのに十分な収入があり、その時には野菜作りをしてよかったと思っていましたが、野菜を作って時間が経ちますと、野菜生産者の高齢化や後継者問題などがあり、それに加えて厳しい出荷規格があり、収穫と同様の時間がかかるため労働時間が長いので、規格を緩めて欲しいとの声も上がっています。これらの問題から野菜作りの農家は減少していきます。

野菜を生産して出荷しますと、毎日、毎日出荷価格が変わっていて、その都度、農家に入る収益が変わってくるのです。野菜価格が下がった年などは、生活が厳しくなることもあります。野菜価格が大きく安くなりますと、キャベツ、ブロッコリーなどの葉菜類に多いのですが、安い価格の野菜を出荷すると経費がかかり赤字になってしまいますので、野菜農家の方はせっかく上手に作った野菜を泣きながらトラクターですき込んでしまいます。野菜を畑にすき込んでしまうと、出荷収入はゼロになりますし、栽培に用いた肥料、農薬などの農業資材の費用は請求されますので、ここでも赤字になります。そこで、一個人で野菜を作るより、集団で野菜作りをする法人組織が増えてきています。逆に、小さな規模も野菜生産農家は減少する一歩です。稲作農家の慢性的な減少と小規模の野菜生産農家の減少とで農家の総数は年々減少をたどることになります。

小規模の野菜作り農家の家族構成を見ますと、高齢な両親は野菜作りに専念し、同居している子供夫婦は野菜作りをせずに近くの会社に勤めに出ています。その勤めに出ている子供さんは、両親が野菜作りをしなくなったら農家を閉めますと言われ、農業をすることがないようです。このようなケースは国内の野菜作りの多くの方向に見えてきます。将来、日本の野菜作りにも大きな危機が迫っています。

◆規模拡大の農業

最近、専業農家の高齢化が進み、高齢になった生産者の作付けの面積は小さくて、年間の収益も少なくなっていて、農協に出荷するより近くの直売所に野菜を持っていく、日銭を稼ぐ農業に変わってきています。農家の作付けの面積も高齢になれば少なくなっています。そのために、休耕地が年々増えてきています。

少なくなった若い専業農家が農業法人を設立して、休耕地となっている農地を借りて、規模の大きな農業を始めています。その農業法人の近くに住む人たちをパートに雇用して、野菜を作り出荷をするシステムを考えて行っています。比較的手間のかからない野菜を大量に栽培して、パートさんにも十分に管理できるようにしています。

◆増えている農業法人

農家が作った野菜の販売も大きく異なってきました。以前は農家が作った野菜は農協の出荷場に持って行き、後は農協の販売課にお任せでした。この出荷では市場の相場において、大きな値段の差が生じます。天候に左右される価格であります。葉菜類のキャベツ、ブロッコリー、ハクサイ、ホウレンソウなど様々な野菜で、農家の作付けも価格に安定性がなくなっています。

産地の農家心理を見ていますと、ある野菜の今年の価格が高く販売されますと、翌年にはその産地の農家は価格が高くなった野菜を進んで作付けします。たとえば、ブロッコリーの価格が高いと翌年にはブロッコリーを作る方が多くなります。ブロッコリーの出荷量が大きく増えます。そのために価格は暴落します。私は思いますが、今年の価格が悪い野菜を来年に作れば、価格は高いと思います。このような相場師のようなことが野菜産地で繰り返されています。

その流れに逆らうように野菜を作るグループが現れました。スーパーの存在です。農協に出荷しているのは市場買いの流通で、市場に売ってもらっている販売です。出荷量が多くなりますと価格は低迷します。この価格の差を少なくすれば農家収益も上がることになります。それが市場外流通です。比較的若い生産者が中心となって、会社組織を形成して、近辺の人を雇用し、野菜作りをして、直接にスーパーなどの量販店に出荷します。その時に、量販店と契約をして、価格をある程度決めてから野菜の作付けをします。作る野菜も決めて作ります。野菜の価格もある程度の一定さもあり、十アール当たりの収益も安定します。雇用をしている人の賃金も安定的に支払うことが出来ます。しかし、この法人組織を維持

転作した水田のズッキーニ畑（岩手県） 2017.6.28 撮影
水田地帯に現れたズッキーニ畑。水田転作による野菜作りです。

農業法人の大規模なニンジン畑（福島県） 2019.10.9 撮影
農業法人が大規模に作付けしたニンジン畑。
収穫したニンジンはスーパーとの契約栽培です。

するには、法人の社長に大きな力が必要となります。市場とは異なり、販売先を法人の社長が開拓をしないと、野菜を安定的に売ることは出来ません。私はこの社長を見ていますと、流通に対してよく知っている方が多いです。社交的な社長が必要となります。スーパーのバイヤーとの意見交換やバイヤーに対してのセールスが重要になります。

◆農業法人の経営形態

私が伺った農業法人では収穫された野菜を近くの女性のパートの方に野菜を調整して小袋に詰めて、スーパーに出荷をしていました。スーパーは店舗に並べるだけです。価格は相対で値を決めていますので、価格は安定しています。作る野菜を決めるのを伺いますと、栽培がし易い野菜を導入すると言われ、作る雇員の方のことを考えて、手の掛かる野菜は作ることを避けていると話されました。大規模に作るには作り易い野菜が必要となります。機械を使い、多くの面積で栽培管理が出来る野菜となります。キャベツ、ネギ、ニンジンなどは収穫する期間が長くて、在圃性がありますので労働の配分が楽なのです。

東北地方のある農業法人を伺ったときに、農地はどのようにしているのですかと伺うと、その若い社長は「この辺一帯は農業の放棄地でどれだけでも作ろうと思えば借りられるのです」と言われました。高齢化で農業が出来ない方が増えています。農地を借りるのはタダみたいなものですとも言われました。その法人はネギ、ニンジン、ハクサイ、ズッキーニなどを中心に作付けをしています。

雇用はこの近辺の若い人を使っていると言われ、働いている人を見ますと、二十～三十代の男女の方でした。「若い方が多いですが集まるのですね」と伺うと、東北の辺地では企業もなくて、農産物の法人を設立して、募集をかけますと多くの若い方が来てくれました。法人は社員制にしていますので、季節労働とは異なり、周年雇用をしています。雇用されている方も周年雇用を希望していますし、季節雇用では来てくれません。

農家のバイトも変わってきています。私が伺った法人には二十名近くの方が働いています。若い方は研究熱心で、野菜作りを常に勉強し、よい野菜を作ってくれますと社長は話してくれました。出荷先を伺うと県内のスーパーが中心ですと話され、スーパーの売りたいものを作ってやることも必要と言われました。ニンジンを例に挙げますと、どの品種が良いかを自分たちで試作して、良い品種を見つけたら、何ヘクタールも作るのです。機械化が進み、若い雇員さんは機械なしでは仕事をしません。大きい面積で、機械化をして若い雇員の方に野菜を作って頂き、社長は指示をしてから、スーパーなどの量販店にセールスに行くと話されました。話を伺っている内に、アメリカの大農法を思い出します。日本の農業もアメリカのようになっていくのでしょうか。

農業法人の大規模なズッキーニ畑（山形県） 2018.7.4 **撮影**
山形県金山町の農業法人「エヌシップ」が
大規模に作っているズッキーニ畑（３ヘクタール）

農業法人の大規模なエダマメ畑（福島県） 2018.7.12 **撮影**
福島県郡山市の農業法人「まどか菜園」の
大規模に作ったエダマメ畑（３０ヘクタール）

農業法人の大規模なスイートコーン畑（群馬県） 2020.5.8 撮影
群馬県太田市の農業法人「木村農園」の
大規模に作っているスイートコーン畑
（これは１１ヘクタールの一部）

◆野菜の販売の変化

昔は、各農協に野菜部会があり、ほとんどの野菜生産者の方は部会に入っていて、品種も播種期も決めていました。当然、出荷先も農協が一括して市場に送られていました。市場もある程度のセリを行って価格が決まっていました。この時代は「量は力なり」と言って、出荷量が多くすれば市場に及ぼす影響が大きく、市場価格も高くなっていました。

最近は市場外流通が多くなり、量販店と直接取引をする団体や個人が増えて、市場への出荷量は減少していきました。量販店との相対取引で価格を決めることにより、野菜の価格の変動が少なくて、作る野菜の量で入って来る売上金も計算が出来るのです。企業的にしている農業法人は多くの従業員を抱えていますので、農産物の価格が安定していないと、経営が難しくなります。各地で農業法人は大きく増加しています。消費者にとっても価格が安定した方が生活し易くなります。

◆野菜の生産形態の変化

野菜作りは昔から野菜農家が各自の畑で野菜を作り、収穫した野菜は出荷箱に詰めて農協の出荷場に出し、農協は集まった野菜を市場に送り、市場では仲卸がセリ落として、それを八百屋などが仕入れて販売をしていました。しかし、野菜農家も高齢化して、野菜生産から手を引き、野菜を作らない畑が多くなり、各地に農耕放棄地が増えてきました。野菜産地の出荷量も少なくなり、市場の販売金額も少なくなりました。前述のように市場外出荷が増えてきています。これは八百屋からスーパーに変わり、スーパーに直接荷を卸す方が増えてきています。そのためには栽培面積を多く持っていて、多量な野菜が出荷出来る農園が必要となってきました。各地で大規模経営の農園が現れ、野菜を作らなくなった農耕放棄地を借り受けて、野菜生産をしている企業化した農園となります。その大規模な農園を三つ紹介いたします。山形県金山町の「エヌシップ」と、福島県郡山市の「まどか菜園」、群馬県太田市の「木村農園」です。

特に、注目して欲しいのは「エヌシップ」です。金山町は山形県の県北にあり、秋田県と隣接しています。金山町は過疎化が進み、人口も少なくなっています。その地で農業法人の「エヌシップ」を起こしたのは長倉社長です。長倉さんは「農地はいくらでも借りられるのです」と言われ、多くの農地を周辺地域から借りています。また、借りられる土地が多くありますので、土壌条件の良い畑を選んで借りることが出来ます。

また、金山町と協力して、野菜栽培の研修などを行い、地域社会と結びついています。労働力は豊富にあり、企業の少ない金山町で、社員募集をしますと、若い青年の方が集まってきます。

私も農園を見ていますと、若い青年がトラクターで畑を耕耘したり、野菜畑を管理機で中耕していたりして、社員は生き生きとして働いていました。収穫をする野菜畑には数名の社員で行っていました。収穫された野菜は大きなパイプハウスで、近くの主婦たちがパートで出荷作業をしていました。これは一つの企業と言えます。

作っていた野菜の種類は、ズッキーニ、ニンジン、ネギ、キャベツなどで管理作業の手のかからない野菜が多く見うけられました。売り先は山形県内に点在している「ヨークベニマル」がメインです。社長の長倉さんは野菜作りより出来た野菜を販売する仕事が多く、また、どのような野菜を作れば売れるのかを考えたり、野菜の価格の良い時期に出荷するには、何時頃の作付けが適するかを考えたりしています。また、野菜作りの管理がし易い野菜も探しています。若い青年が多く集まっていますので、その方が作れるような管理の楽な野菜の種類も見つけています。長倉さんは色々な面での仕事をしています。アメリカ合衆国の農業を感じました。

「まどか菜園」は郡山市にあり、どちらかと言えば都会に近いです。この農園は郡山市から農業が出来なくなった方の農地を郡山市が「まどか菜園」に斡旋して、農地を借りて、その農地に野菜を作って出荷します。その農地を貸した農家の方を「まどか菜園」が雇い入れて、社員として働いてもらう制度をとっています。土地を貸す方にも働き口となり、ウィンウィンの関係となります。作っている野菜はエダマメ、ニンジン、カブなどです。特に、エダマメの作付けが多く、三十ヘクタール程度を作って出荷しています。

もう1つは、あるスイートコーン作りに力を注いでいる大規模農家を紹介します。群馬県太田市の「木村農園」で、スイートコーンを春から夏までに、ハウスと露地で十二ヘクタール（ハウス一ヘクタール、露地十一ヘクタール）も作っています。ハウスでは二月から種を播いていきます。三月に入ればトンネル栽培で種を播き、七月くらいまで露地に種をまき続けています。今までの一日での出荷量の最高は約二千四百ケースで、年間にしますと三万ケースになります。スイートコーンの販売金額は三千万円を目標にしています。スイートコーン以外にホウレンソウ、ネギ、ゴボウ、サツマ苗の栽培をしています。雇用人数は十名以上で、ホウレンソウ、ネギ、ゴボウ、サツマ苗の栽培をして、従業員の年間雇用をしています。野菜を周年で栽培していないと仕事に隙間が出来て、従業員を周年雇用が難しくなります。

紹介した農園がこれからの農業経営の先進的な事例になっていくと思われます。農耕放棄地が増える中で、その土地を集めて有効利用する農業で、農家の高齢化によって専業農家は減少しますが、野菜生産をする大規模の集団が新たに作られれば、野菜の出荷量は安定します。

農家の規模も大きくなり、農家が人を雇い入れて、大規模な経営をしている産地もあります。高冷地のホウレンソウ出荷をしている農家は年間の収益は一億円以上です。また、キャベツも同様に一億円以上の農家もいます。

昔の様な大地主と小作人の時代となるのでは?大地主とは農園の経営者で、小作人とはその農園で働いている社員です。

日本では、今、ＡＩの全自動の機器での農業は考えていますが、その方向に一部はなりますが、多くの部分は人による栽培が中心となります。野菜の収入と機械化の設備投資の金額には大きな差があります。野菜価格が安定して、価格も上がれば収益も出ます。また、機械の価格も下がれば可能です。

◆大規模な野菜作り農家には後継者

野菜作りを大規模に行っている農家には後継者がいます。野菜の十アール当たりの収益は大きく、稲作での十アール当たりの収益とは大きな差があります。その大規模で野菜を作っている農家の子供は野菜での収益の高さを小さい時から見ています。その農家の所得を知っていますと、会社に勤めに出るより自宅の大規模の野菜作りを継いだ方がよいと考えます。つまり農業に興味を持って継ぐのではなくて、農業所得に魅力を感じて後継者になっていきます。

大規模農家の例を上げますと、ホウレンソウ、レタスなどの栽培では一億円以上の売り上げを持っている農家が多くいます。人を雇って収穫をし、植え付けをする単純作業です。この作業であれば、どの人でも仕事が出来て、長続きしてくれます。大規模農家に継いだ青年に話を聞きますと、葉菜（キャベツ、ブロッコリー、レタス、ホウレンソウなど）と根菜（ニンジンなど）の大規模農家は継ぎますが、果菜（トマト、キュウリ、ナスなど）は企業が参入して大規模に行っていますが、農家では果菜の規模を大きくすることは出来なくて、十アールに当たりの労働時間が葉菜、根菜に比べて長いので、規模拡大は難しく、栽培の手間もいりますので、若者から敬遠されていると話し、その青年は「親父がキュウリ栽培を継げと言ったら、サラリーマンになりますよ。」と話していました。大きな畑をトラクターで耕して、野菜が出来れば一斉に収穫をする農業に憧れているのかもしれません。

◆野菜の価格を決める

農業法人で作られた野菜がスーパーや飲食業者に直接野菜を送ることにより、新鮮なものが届くことと、価格はスーパー、飲食業者の間で相対によって決めています。直売所での価格設定と同じで、法人が決めた価格なので、変動がないので、価格に心配しながらの野菜作りをしなくてもよく、心の安定に繋がります。

野菜を生産している多くの農家の方は、出来た野菜を農協などの集荷場へ持っていけば、農協の営農販売課の方が売ってくれると思っています。実に他力本願です。農家の方は野菜を作っていれば、農協が売ってくれるのが当たり前と、多くの野菜産地は現在でもこの方法がとられています。しかし、野菜の価格が安くなりますと、生産者は農協の職員に向かって、もっと高く売れとはっぱをかけますが、その声は市場まで届きません。安い場合には、しかたがないと価格に納得してしまいます。泣き寝入りをしている農家の中から、個人的にスーパーなどに出荷している野菜生産者も徐々に多くなってきています。これからは野菜生産農家が価格を決めて売る時代が来ると思います。

◆農業に企業が参入

最近、食品企業、工業製品の企業などが農業に参入しています。異業種参入です。これは全国的に広がっています。作っている野菜はトマト、レタス、イチゴなどが多いです。水耕栽培などの近代的な農業で、規模は大きくて農家では真似が出来ないほどの大きさです。そのハウスには若い従業員が野菜の栽培管理をしています。出来た農産物は企業ですから農協には出荷せずに、直接に市場に出荷するか、スーパーなどにも出荷したりします。中には企業が直接に消費者に販売するケースもあります。企業の中にはレストランを経営していて、レストランの食材に使うケースもあります。

企業が農業に参入をする場合は規模が大きくて、農家では考えられない規模になっています。規模の小さな農家の方は野菜作りのノウハウを持っていますので、近くに企業が農業を始めますと、ノウハウを持った農家の方は自分が行っていた農業を止めて企業が始めた農業にサラリーマンとして入社して、野菜の生産に携わっていき、農家を廃業していきます。企業も技術を持った農家の方は大歓迎です。企業が農村に農業施設を作ることで、農産物の生産量は増えますが、農家の減少にも繋がっていきます。

第八章　野菜の出荷形態の変化

◆出荷の変化

農業法人で作られた野菜はスーパーへ出荷しますが、コンテナに詰めて出荷されます。コンテナに野菜をバラで詰め込むのではなく、一定の野菜の量（消費者に好まれる量）をフィルムの袋に詰めたものをコンテナに入れて出荷しています。スーパーは購入した野菜がコンテナごと売り場に運び、その袋詰した野菜を並べるだけです。スーパーの販売員の気持ちまで考えての出荷です。パッケージまでを行う農業法人が消費者と流通を考えた出荷作業をしています。

これからの農家は企業と同じ考えを持って野菜を出荷する必要があります。以前は出荷箱に野菜を詰めて、農協に販売はお任せでした。価格が悪いと農協の販売担当に文句を言います。今までの農家は他力本願なのです。しかし、エンドユーザー（消費者）の気持ちを考えての出荷が必要となってきます。野菜のパック詰販売です。規格は緩やかにして、A品B品込みで袋に詰めて販売します。選別をしなくて農家も楽になります。

農業法人のエダマメの集団選別（福島県） 2018.7.12 撮影
農業法人「まどか菜園」で、多くの従業員が
エダマメの選別を行っています。

機械で収穫するキャベツ（群馬県） 2019.2.7 撮影
キャベツ畑で、乗用して一斉収穫をしている風景

出荷場に運ばれる収穫したキャベツ（群馬県）
2019.2.7 撮影
収穫されたキャベツが出荷カゴに詰められて、
畑から集荷場に運ばれます。

私の知っているナスの生産農家は以前に箱詰で出荷していましたが、今では収穫したナスをコンテナに詰めて、その中から悪いナスだけを取り除いて、それ以外のナスは袋に五個詰めて、二十袋を段ボール箱に入れて農協に出荷しています。農家の方はすごく楽だと話していました。このような袋詰の作業は農家が進んで行いますので、農家の負担にはならないようです。これからの果菜類の出荷は袋詰出荷になっていくと思います。

◆ガラパゴス化した農産物

日本の農産物の評価は見た目で判断されることが多いです。消費者や仲卸の方が野菜を購入するときの基準になっていると思われます。野菜を出荷するのに規格を重視しています。出荷箱に秀品、A級品などを明記して、出荷された野菜が少しでも高く買ってもらうために行っています。トマト、キュウリ、ナスなどの野菜の形状の良い悪いで食味に大きな差は無いと思います。海外では野菜の形状をあまり考えてなく、市場などで野菜を見ますと、野菜を山積みにして販売をしています。量り売りで消費者は野菜を見て、気に入った野菜を選んで購入していきます。

野菜を作るのに色々な資材を作って､他の野菜よりおいしいなどの差別化をしています。出荷量を少なくし、一部の消費者に売る野菜を作るなど野菜栽培から考えると日本の野菜作りはガラパゴス化と呼ぶしかないのではないでしょうか。

◆野菜の価格とは

野菜の値段が変化します。産地の天候により収量が変化して、収穫量が増えますと価格が下がり、収穫量が減りますと価格が高騰します。消費者はその変動で野菜の購入を考えていま す。この価格はどのように決まるのかを考えますと、不思議なことにぶつかります。東京の中央市場では競りが野菜の入荷量の約六パーセント程度しか行われていないと言われています。競りをしなくても価格が決まっています。

以前、市場の見学を朝早く伺いますと、電話で競り人と仲買の方が価格の話をしていました。その時点で価格が決まっているようです。市場の競り人は産地の農協などに今日の野菜の出荷量を電話で聞いています。その出荷量で競り人が売価を決めているようです。仲卸の顔を伺いながら決めています。各産地から天候が良くて多くの野菜が入荷しますと、市場で野菜を完売しないといけないので、競り人は価格を安くして仲卸の方に買って頂くための価格設定と思います。

スーパーは直接農家から野菜を購入するケースが多くなってきました。契約栽培です。あるスーパーの話を農家から聞きました。スーパーと農家でブロッコリーを一個八十円で購入する契約をしていましたが、一般流通価格市場価格が下がってきますと、スーパー側から一方的に契約解消され安い市場から購入します。スーパーも儲けを考えての行為ですが、農家から聞きますとモラルがないと言っていました。安い方から買うのは資本社会では当たり前ですが農家の実状を考えて欲しいものです。

◆個人から法人に移る野菜の出荷形態

農業をする方が段々と減少していく中で、どの野菜産地を見ても耕地の放棄が増大しています。高齢化で野菜作りが出来なく、後継者もいない場合には野菜作りを断念するしかありません。前述でも述べました集団経営をする法人で、スーパーなどと契約出荷をする会社組織が各地に出来ています。

機械化をして、大量に野菜を生産して、市場や量販店に出荷する組織が多くなっていくと思います。その組織の職員は企業と同様に給料性で働いています。契約販売が主力なので価格も安定して、個人の出荷より収入は多くなっていきます。個人では少ない野菜の出荷では価格の安定が計れません。これからは法人出荷が増えて行くと考えられます。

◆農業法人の野菜出荷

種苗業の将来は日本の農業の将来に掛かっています。専業の農業従事者は二百万人を切り、百六十～百七十万人になっています。色々な情報から聞きますと、一年間に二十万人の専業従事者が減り、新規に農業に着く方が毎年五万人程度いると言われています。新規に五万人増えても農業従事者の減少が大きくて、差し引きしますと毎年約十万人の方が農業から撤退することになります。農業をする方が段々と減って、どの野菜産地を見ても農耕放棄地が増加しています。高齢化で野菜作りが出来なくなり、後継者もいない場合には、放棄地にならざるしかありません。その中で、増えてきているのが集団経営する法人で、スーパーなどと契約出荷をする会社組織が各地に出来ています。機械化をして、大量に野菜を作り、市場に出荷する組織がこれからは多くなっていくと思います。

また、農業以外の産業が農業に参入して、野菜作りの集団経営をする組織が現れていきます。その農業以外から参入したのは農業に魅力を持っています。そして、会社員が農業を行う形になり、給料制で毎月同じ給料が貰えるから生活が安定する点も相場を見て生活するより良いと思われています。

これからの種苗店や種苗メーカーは法人組織の生産グループに種子を販売するようになり、これからの野菜作りをしている農家個人に販売することは減っていくと思われます。トータルで野菜の生産量は大きく変化しませんが、農業の形態は変わっていきます。これからは機械化による法人が中心で、病気に強く、収穫が楽な野菜などが求められると考えます。大地主・小作人時代のような昔ながらの大農法になるのではないでしょうか。

◆農家の生産意欲を無くす野菜出荷規格

日本人は野菜の購入するときの基準は見た目で決めていることが大きいと思います。そのために、形状の良いものは価格が高くなっていることが多いです。高く販売するために出荷規格を重視するようになっています。出荷箱には秀品やらA級品などと明記して出荷されています。野菜の形状の良い物と悪い物とでは食味に大きな差がないと思います。

海外では規格にそれほど気にせずに出荷され、市場でも出荷された野菜を山積みにして売られ、はかり売りで消費者は好きな形状の野菜を選び買っていきます。日本では形状の同じものを綺麗に並べ売られています。より良く売るために規格を揃えているのです。この規格が農家を苦しめています。野菜は工業製品ではないので、すべての野菜が同じ形になることはなく、形状に大きな違いが出てきます。その中から同じ形状の野菜を選んで箱に詰めるには時間と労力が要ります。出荷規格の緩和が必要と思います。直売のような販売方法が求められます。

◆野菜品種の選択で明暗

現在は野菜が周年で出荷できるように品種が分化しています。キャベツ、ブロッコリー、ハクサイなど葉物野菜では早生、中生、晩生とあります。それらの分化した品種を組み合わせて、いつどの品種を播くかで、いつの時期に出荷が出来るかを考えて播種期を設定します。ここで持っている畑の面積の多い方と少ない方では播く品種の数も違ってきます。面積を多く持っている農家は早生、中生、晩生と色々な品種を播くことが出来て、出荷する幅が長くなります。しかし、面積が少ない農家は播く品種も限られていますので、何時頃に出荷すると高値で売れるかを考えて、どの品種を播くかを決めます。

面積の少ない農家の方は、昨年のブロッコリーの高値は何時かを思い出して、今年も昨年同様の高値になると思い、その時期に合わせてブロッコリーを播きます。面積の少ない農家の方は同じ考えで昨年のブロッコリーの高値の時期が高くなると思って播きます。つまり、多くの面積の少ない農家は同じ時期にブロッコリーを播くことになります。多くの方が同じ時期に多くのブロッコリーを出荷することになり、市場にブロッコリーが氾濫してしまいます。

その結果、安値になってしまいます。昨年にブロッコリーの価格が安かった時期を見つけて、その安価であった時期に播種すれば高値になると思います。小さな面積しか持っていない農家は毎年のブロッコリーを播く時期を狙う博打のようです。大規模の面積を持ってブロッコリーを作っている農家は早生、中生、晩生の全ての品種を播くことが出来ますので、どの時期が高値になってもブロッコリーを出荷が出来て、毎年のブロッコリーでの収益には大きな差が出ないのです。

小さな面積でブロッコリーを作っている農家は年々収益が減り、ブロッコリーの作付けを止めてしまうことに繋がります。最近の価格の変動を見ていますと、野菜生産農家で規模の小さな経営では農家を止めざるを得ません。

第九章　農産物の直売所の発展

◆直売での野菜購入傾向

直売所で、消費者が購入している野菜を見ていますと、多くの方が購入されるのがネギで、これは薬味としての利用が高く、日本人独特の文化からくるものと思われます。どのお宅でも冷蔵庫には入っている野菜の一つです。鍋料理にも使われますが、圧倒的に薬味の利用が高いし、一年中利用されます。

次に、トマト、キュウリ、レタスなどのサラダ利用です。生で食べられる野菜として、多くの方が購入されます。包丁を使わずに調理できる野菜でもあります。特に、若い世代の方は、調理が簡単な野菜として、トマト、キュウリ、レタスなどを選ぶと思われます。

次に、キャベツが購入される方が多く、生でも炒めても煮てもと利用度が高い野菜です。若い方から高齢者まで幅広く購入されています。次に、ダイコンですが、これは古くから食されている野菜の一つです。年配の方に多く購入される野菜で、年配の方からみればいつも傍に置きたい野菜です。

近年、急激に購入する方が増えた野菜は、ブロッコリーで、茹でれば簡単に調理できますし、栄養価の面からも高く評価されています。特に、抗がん物質を含んでいるとマスコミで騒いでから急激に消費が増えた野菜です。ホウレンソウも一年中を通して売れている野菜です。栄養価の高いホウレンソウは世代を超えて食べられています。

直売所で変わった野菜を作って出荷しても、消費者がどのように調理して食べたらよいか分かりませんが、時間がたてば消費者も食べ方が分かり消費が伸びていきます。例を挙げますと、ズッキーニが代表的な野菜で、昔はイタリアの高級野菜と捉えていましたが、最近は消費者が食べ方について研究し、炒めたり、漬物にしたり、生で食したりして食べ方の広がりが見えてきて、抵抗なく購入されるようになりました。バジルも家庭菜園で作る方も増え、直売所にも出荷されるようになりました。これからも、海外の見たことのない野菜が入ってきます。時間をかけて消費者に浸透していき、栽培者が増えてどこでも見られる野菜になっていきます。

直売所の野菜は消費者のだれもが購入してもよいものでなければ売れません。直売所の野菜の売り文句は、新鮮、安全、安いなどの点が評価されて、人気が集まってきています。この観点をよく知って野菜の品目を決めることです。

これからは、日本では飽食の時代になっています。美味しい野菜を少しずつ食べる方が多くなってきています。今から四十〜五十年前では、野菜の種類は少なくて、現在では三倍くらい野菜の品目が増えてきています。いろいろなものを少しずつ食べる時代になり、うまい野菜を選ぶ時代でもあります。

◆野菜の直売所の移り変わり

今から五十年くらい前には野菜の直売として、農家の庭先で野菜や果物を並べ、通りすがりの方に販売していました。その後、集落の農家の方々が自宅で作った野菜を多く収穫したので、余剰の野菜を人の多い場所に小屋などを作り、直売を始めました。

これが商売となり、各地に直売所として農家が作った野菜などを売り、現在では全国に四千店以上まで直売所が作られ、さらに、大規模なファーマーズマーケットが誕生し、スーパーを凌ぐ勢いにまで成長してきました。直売所は地域の野菜だけでは済まなくなり、直売所間での取引も盛んになり、その地域にない野菜や果物が店舗に並ぶようになりました。

種苗メーカーも直売に向く品種とか家庭菜園に向く品種などと説明してタネの販売をしています。ホームセンターにも野菜のタネの販売コーナーが特設されて、直売所に出荷する農家や家庭菜園をしている方などが買いに来ています。今や市場に野菜を出荷している農家より直売所に出荷している農家に活気があるように見えます。さらに、種苗会社の技術者などは直売所の生産者に対して栽培講習会などを行って、タネの販売に力を入れています。どの直売所も消費者が集まってごった返しています。昔に比べて最近の直売所には品数も多く揃っているので、野菜を買うには不自由をしません。また、野菜だけではなく、直売所には弁当、総菜、菓子など色々なものも揃えていて、食堂を併用している直売所もあります。また、各地の名産品も並べている直売所も多くあります。今や直売所の全盛の時代になってきました。

◆拡がる直売所

市場外販売の最たるものは直売所です。全国に四千店舗以上と展開しています。農協が直接行っている直売所、生産組合が行っている直売所などがあります。今から五十年以上昔は農家が作った野菜の余りを仮店舗などで不定期に売られていましたが、今日は直売所で売るために野菜を作っています。目的が大きく変わってきました。

直売所で野菜を売ってもそれほど多くの金額になっていないと思っていますが、どの直売所にも販売金額が一千万円以上の方はいます。私も直売所を廻っていましたが、大変に驚いています。その一千万円以上を売られている方は周年で野菜を直売所に出荷されています。農家経営を考えての出荷なのです。作っている野菜も多様化し、果菜類、根菜類、葉菜類、マメ類、イモ類など季節に応じて栽培をしています。

農協や市場に出荷しますと販売価格が不安定で、安い価格の場合には農家経営にも影響が出ます。直売所に出荷する場合には、価格を自分で決めて売ります。売れた分だけが自分の口座に入ることになります。直売所の売り上げが十億円を突破している所もあります。現在は消費者の支持が強く、直売所に売られている野菜は新鮮で安全と安さが売りになっています。

直売所の売り場の棚には袋に詰められた野菜がところ狭く並んでいます。よくみますとキュウリ、ナス、トマトにしろB、C級品が多いのです。しかし、消費者はB、C級品でも鮮度がよいと購入して行かれます。ひと昔の野菜産地ではA、B、C級品は出荷されていましたが、それ以外の規格外品は捨てていました。しかし、直売所に規格外の野菜を安価で持って行っても売れてしまいます。フードロス解消につながっています。農家は作った野菜のすべてが売れるのです。野菜のメリカリですと話す方もいます。直売所のような市場外流通は伸びていきます。市場の販売は益々難しくなっていきます。

直売所の会員になれば、いつでも野菜を出荷することが出来ます。専業農家、兼業農家、家庭菜園的な農家などが野菜を出荷させています。私はキュウリを専業にしている農家に伺ったことがあります。農家の方は収穫したキュウリを選別して、農協に出荷されています。ご主人はA級品、B級品は段ボールの出荷箱に整然ときれいに並べて出荷場に持っていきますが、それ以外の格外キュウリは三〜四本を袋に詰めて近くの直売所に持って行き

各地に広がる直売所（埼玉県） 2023.3.22 撮影
最近の直売所にも多くの野菜が品揃いをしています。
全国に 4000 店舗以上展開している直売所は
食料の供給基地になりつつあります。（滑川町の直売所）

ますと言われました。ほとんどが曲がったキュウリです。しかし、直売所に出荷した規格外の袋詰のキュウリが全て売れてしまいますと話された。年間二〜三万袋が直売所で売れますと言われ、一袋百円です。直売所のお陰で今までに規格外のキュウリは捨てていましたが、直売所でお金になります。年間二百万円以上の収益になっています。

このようなトマト、ナス、キュウリなどの専業農家は直売所を上手く利用しているのです。兼業農家や家庭菜園的な農家の方は、色々な野菜を少しずつ作り、周年で季節野菜を出荷されています。私の知っている兼業農家の方は果菜類、根菜類、葉菜類など数多くの野菜を作って直売所に出荷されています。以前はキュウリの専業農家でしたが、高齢になられて、娘さんと現在は直売所に色々な野菜を出荷しているのです。作る野菜の品目は全て娘さんが決めているのです。売り上げを聞いてびっくりしました。なんと年収は一千万円以上なのです。出来た野菜のほとんどが売れると話されていました。

また、多くの直売所に出荷しているのは専業農家の主婦です。トマト、ナス、キュウリ、ネギ、キャベツなどの専業農家で、その傍らに奥様の畑があり、その畑で作った野菜を直売所に出荷しているのです。小遣い稼ぎで最初は始めたのですが、思ったより収益がよいので、私の知っているご婦人は、どのような野菜を作れば売れますかとよく聞かれます。エダマメ、コマツナ、ホウレンソウ、莢インゲン、カボチャなど色々な野菜を作っていて、その品目にも売れている品種も探しています。直売所の栽培講習会をしますと、多くの御婦人方が集まって熱心に聞いています。直売所は繁盛しています。直売所に出荷することは市場出荷より野菜作りにプレッシャーが少ないのではないかと思います。「次に何を作ろうかな。」と自分なりに作付け計画をしているご婦人が多いです。

◆規模の小さな農家の生きる道

米の出荷価格が安くなり、稲作で食べていくことが出来ない小さな規模の農家は稲作から野菜作りに変わって行きます。露地野菜を始めますが、小さな栽培面積しか持っていないので、必然的に野菜の生産量は少なくて、収益は少なくなりますが、稲作よりは多くの収益が得られました。野菜での収益が高いことから、農協に出荷するのではなくて、少量の野菜でも販売が出来る野菜の直売所を考えるべきです。

直売所の出荷方法は、農家が作った野菜を消費者が購入出来るサイズの袋詰にして店頭に並べます。その時に野菜価格は出荷した農家が決めます。農協出荷では規格があり、くずの野菜は出荷することが出来ませんが、直売所ではくずの野菜も袋詰をして出荷します。これはフードロス解消にも繋がります。作る野菜の種類は自由で、作りたい野菜を色々選び、少量多品目の栽培になり、季節に合わせて野菜を作る周年出荷が出来ます。

また、高齢者にも少量の出荷が出来ますので、十分に野菜作りを楽しんで、出荷も出来て少しの収益に繋がっています。比較的若い農家の方は毎日直売所に野菜を出荷されている中には一千万円以上の金額を稼いでいる方もいます。消費者から直売所を見ますと、新鮮な野菜で、地産地消が大きいと思います。

◆直売所での問題点

直売所へ午後に行くと、どの直売所も野菜が少なく、中には、三時頃では、ほとんどない状態です。スーパーと比較してみると、スーパーは午後六〜七時に行ってもどの野菜も山積みです。この差は、消費動向に大きな差があります。直売所も商売であるならば、閉店近くまで野菜を十分に置くことが集客には大切な条件です。

直売所に出荷している生産者も商売に対して考えるべきだと思います。自分で売るのだと思うことが必要で、直売所に野菜を出せば売ってくれると考えている方が多く居られると思います。

消費者は、直売で売られている野菜は、新鮮で、安いと思っていて、客が直売所に向かってきます。これを上手く使って、午後でも「野菜あります」と言えるような直売所を作っていくことが販売を伸ばすことだと考えられます。

出荷する野菜についても、見て買いたくなる野菜と、うまそうに見えない野菜がありま す。一般に市場を通して販売されている野菜は、規格が揃い、傷も無く、まずきれいです。味は別です。

直売所の野菜も見た目にもきれいで、おいしそうに見える出荷を行っていれば、消費者の購入意欲も大きく上がると思います。また、専業農家の出荷出来なかった野菜の最終処理が直売所でもあります。つまり、くず野菜を出荷しているケースが多く見られます。安いから売れると思っている方が多いです。

野菜をおいしく作る工夫も大事です。これには時間がかかり、定着まではかなりの忍耐が必要となります。違いの分かる野菜として、トマト、カボチャ、サツマイモ、スイートコーン、エダマメなどは甘味や風味などでの差があり、差別化につながります。しかし、PRにはお金がかかるし、マスコミにうまく乗せることも重要な要素でもあります。

◆量販店の野菜直売コーナー

量販店（スーパーなど）の野菜売り場に野菜直売コーナーを設定しているのが多くなりました。以前は農家の余剰生産した野菜を小さな店舗で販売したのが始まりでしたが、その後に段々と規模が大きくなり、農協、道の駅などに農産物が販売する直売所に発展しました。全国に四千店舗以上あり、現在では多くの消費者が利用しています。その発展をみて量販店にも地場野菜の販売コーナーが出来ました。

農産物直売所の多くには夕方近くになりますと、直売所には野菜がすごく少なくなり、消費者も夕方には訪れなくなりました。しかし、量販店の地場野菜の販売コーナーには閉店近くまで野菜が多くあります。量販店は閉店まで野菜を持って来るように契約農家との話が付けてありますが、直売所では農家自身で出荷するかを決めていますので、午後の出荷が少なくなります。せっかく直売所で野菜を売って人気を集めたのですが、量販店の販売方法の方が少しずつ人気が高くなっています。

これからは量販店の地場野菜の販売コーナーに人気が高くなると思います。

◆ある農協職員のひと言

東北地方のある農協で、これからは直売に力を入れていくと話されました。直売所に野菜を出荷している農家から売り上げの十五パーセント程度の口銭を頂いています。農協へ出荷しますと口銭は八パーセント前後で農協が野菜を扱う場合、直売所に出荷された方か農協としては収益が多くなります。

また、現在は直売所のブームで、直売の野菜はよく売れているのです。農協に出荷されると運送業者の手配、市場への出荷量の連絡、販売価格での農家とのやり取りなど業務が多くなりますが、直売では農家が好きな時間に野菜を持って来て、値段は農家が付けます。さらに、売れなくて残った野菜は農家の引き取りになります。商品の野菜に問題があった場合でも出荷されている野菜には農家の名前も入っているので、消費者と農家での問題解決になります。

農協が経営している直売所は全国に多く存在している訳です。これからは直売所に野菜を出荷する農家が増えると思います。

第十章　消費動向と野菜

◆最近の野菜の動向

果菜類、豆類について、減少しているものとして、トマト、カボチャ、スイカ、さやインゲンなどがあります。

トマトは最近、スーパーで見ますとM級が多くなり、大きな果実のものは姿を消しています。スィートトマトは流行り、水を切った栽培でトマトの糖度を高めたため、果実が小さくなり、果肉も硬くなってしまいました。昔のトマトは果肉がみずみずしく肉質も軟らかいもので、果皮も爪で簡単に傷が付くものでした。このために、固いトマトは高齢者から遠ざかるようになり、固い大玉トマトの消費が減少しています。果肉の軟らかい本来のトマト作りが必要だと思います。逆に、ミニトマトに人気が出ています。スーパーのトマトの棚にはミニトマトが多く見えるようになりました。リコピンの含有量はミニトマトが大玉トマトの三倍くらい有ります。

カボチャの作付けは減少しています。昔、カボチャは食卓におかずとして、多くの方が食べていました。現在では、一個を消費者が購入するのではなく、カットされたカボチャを購入しています。核家族になり、大きなカボチャは必要とされなくなりました。若い世代でも食べる方が少なくなり、需要が減ってきています。現在、カボチャの需要が多くなる時期は、冬至カボチャとハロウィンです。また、お菓子の材料としての需要も有ります。

スイカは、かなりの需要が減ってきています。昔は菓子がないので、スイカはよく食べられていましたが、甘い菓子が多くなり、アイスクリームなどの氷菓子も多くなり、需要が減りました。核家族になり大きな果実のスイカは敬遠されるようです。

豆類では、さやエンドウの消費が減っています。作付けも減っていますが、食べ方も少なくなってきています。昔は卵とじで多くの方が食べていましたが、今では茶碗蒸しくらいです。

さやインゲンは栽培者の高齢化で作付けが減少しています。市場の要望は高く、市場も作付けを増やすように各農協などに要請しています。単価は最近高くなっています。伸びる要素は十分に有ります。

増加しているものとして、ズッキーニ、オクラ、スナップエンドウ、スイートコーン、エダマメなどがあります。

ズッキーニは十年前くらいから作付けが増加しています。消費者も食べ方が分かり、多岐に渡って料理されています。以前はフレンチやイタリアンなどしか食べる方法がないと思われていましたが、現在、和食として、天ぷら、漬物、煮物などに消費されています。

オクラは健康野菜としての位置づけが定着しましたので、栽培する方が増えています。消費も伸びていますので、有望な野菜の一つです。

豆類のスナップエンドウは消費が伸びて、調理しやすく、食味も優れています。さやエンドウを作っている生産者はスナップエンドウに変えている方が多いです。スーパーでも周年で売られています。

スイートコーンは甘いとの意識が定着し、夏の中心的な野菜になっています。糖度も十六度以上のものが多くなり、益々、販売高が伸びています。直売所の中心野菜です。

エダマメは茶豆風や糖度の高いものの品種が多くなり、消費者も甘さが昔に比べて強くなっているので、よく購入されています。直売所の中心野菜の一つです。

葉菜類、根菜類について、減少しているものにはハクサイ、ダイコンなどがあります。

ハクサイは、以前、家庭で漬物として、大いに購入していたが、最近は漬物をしなくなり、購入が激減しています。重量野菜の一つで、生産者にも大きな負担になります。漬物業者にはよく利用されています。契約栽培が多いです。

ダイコンは、家庭の必需品になっていますが、昔のように、漬物や煮物に使う方が減少していて、消費が伸びていません。これも重量野菜ですから農家離れがあります。

増加しているものには、レタス、ネギ、キャベツ、ブロッコリーなどがあります。

レタスは、伸びている野菜です。食べるのに包丁が要りません。若い方からサラダとしての需要が大きく、周年で出荷されています。最近は、煮物よりサラダに変わってきています。外食産業もレタスに対する需要は大きいです。今後も伸びる野菜と思われます。

ネギは、作付面積が大きく伸びています。また、反収も伸びていて、十アール当たり九十万円前後になっています。消費も伸びて、色々な用途に使われています。売れ筋ランキングに載る野菜です。

キャベツは、生食としてよく使われる野菜です。最近、加工キャベツが大きく伸びて、スーパーなどでカット野菜として多く売られています。外食産業での伸びは大きいと思います。

ブロッコリーは、作付けが多くなり、色々な産地で作られています。消費者もよく購入します。栄養価が高いと言われ、主婦からの人気が高い野菜です。収穫が楽な点からも生産者に好まれています。品種も多く、周年栽培をしています。

◆仲卸の悲劇

市場で野菜を大量に仲買をしている業者のことを仲卸と言います。仲卸は市場から野菜を買って量販店や飲食店などに卸しています。市場に出荷される野菜の価格は安定していなくて、天候に左右されます。仲卸は量販店や飲食店に卸す価格を決めている契約販売で、一定の価格を決めていますが、野菜の生産が順調な年には豊作となり価格も低くなります。その場合には仲卸の業者には大きな利益が生じますが、天候などが悪くなりますと、野菜の価格は急騰します。その場合には市場から価格の高い野菜を購入して決めてある契約価格で量販店や飲食店に野菜を卸します。市場から購入した価格と販売した価格には大きな差を生じ、仲卸はその差額を自分で背負いこむことになります。ひどい場合には仲卸が量販店や飲食店の契約価格の三倍以上の市場価格になることもあります。大きな差を生じやすい野菜はレタス、ブロッコリー、キュウリなどです。キュウリは晩夏の時期に価格が急騰しやすいです。その時の価格は秀品の一ケース（五kg詰）で一万円程度まで上昇することも有ります。この場合には仲卸は自腹を切ることになり、仲卸の悲劇となります。

◆フードロスとは

よく言われていますフードロスを聞いていますと、野菜の今まで食べていない部分を食べるとフードロスと話しているかたもいますが、野菜は可食部とそれ以外の部分に分かれています。可食部を捨ててしまうことをフードロスと言います。たとえばブロッコリーの葉を食べてもフードロスとは言えないと思います。もったいないとフードロスとは違うものです。それ以上に大きなフードロスがあります。野菜産地で出荷価格が安くなりますと、出荷経費が掛かるために出荷せずに野菜を作っている畑にトラクターで出荷直前の野菜を耕耘しているケースを多く見ます。これはすごいフードロスです。農家が行っているフードロスは大変に大きなものです。農家の出荷調整は価格を上げるために行っていますが、もったいない気がします。

野菜を出荷する際に、野菜の形状で出荷規格があり、A級、B級、C級と形状によって分けられます。秀品、優品も出荷規格です。この規格に合わない野菜は出荷しても値が付かないので、農家は畑などに捨てています。すごいフードロスになります。消費者が行っているフードロスより農家が行っているフードロスの方がはるかに大きいものです。出荷出来た野菜が野菜で、規格以外の野菜は野菜でないと考えれば捨てられると思います。出荷した野菜が食料で、捨てる規格外の野菜はゴミなのです。

◆農産物のフードロス

最近、話題になっているフードロスで、食べ残しや販売残しの食料が捨てられていて、その量が多いと言われています。フードロスは消費者だけでなくて、野菜の生産地でも大量のフードロスが行われています。私は以前に山形県の露地キュウリの畑を伺ったときに、畑の隅に大量のキュウリ果実が捨てられているのを見ました。

キュウリ生産者に「このキュウリは何ですか、まだ食べられるものじゃないですか」と尋ねますと、生産者の方は「規格に合わないものや曲がったキュウリ、果実に傷があるもので、出荷ができないものです」と話された。私の目には十分に食べられるものに見えました。キュウリには長さに規格があり、SS、S、M、L、LLと大きさに5段階あり、曲がりも規格があり、A、B、C、Dの四段階に分けられています。また、果実に傷があるものは出荷が出来ません。露地キュウリなので、強風が吹きますと、果実が葉や茎に触れて傷が付くわけです。その傷の果実は規格外になります。その畑に捨てられたキュウリを見まして、大変にもったいない気がしました。

畑の隅に捨てられたキュウリを生産者の方は「食べられるから、欲しければ好きなだけ持っていけば」と言われました。市場出荷規格が産地でフードロスを招いています。

直売所の青果物を見ますと、規格を無視したものが棚に並べてあります。これを見たときに、海外の市場で野菜を売っているのと同じだと感じました。海外では大きさが異なるトマトを山積みにしてあり、購入する消費者は自分で欲しい大きさの果実を選んで、ハカリに掛けて買っていました。消費者は規格に対しては気にせず、自分の好きな大きさのものを選んでいます。直売所で売られている野菜は大きさがまちまちで、キュウリであれば、長さ、傷、曲がりなどあっても値段には大きな差がありません。生産者が自分で価格を決めて販売しています。消費者も文句も言わずに買っていきます。生産者から考えますと、作った野菜のほとんどを売ることが出来ます。フードロスにはなっていません。

私はキュウリの育種をしていて、規格で苦しんでいました。品種を育成して、産地で試作をし、収穫した果実を農協の営農員に見せますと、このキュウリは少し短くて規格に合わないので、産地導入は難しいと言われました。キュウリはキュウリだと思いましたが、規格があり、規格の壁が大きかったです。

私の知人のトマト農家を伺ったとき、出荷作業場にトマト果実が山に積んであり、出荷箱を多く並べて、山積みにしてあるトマトから大きさや形状を選んで、規格の異なった箱に詰めていました。その規格も二十程度に分けられています。箱に詰め残した果実が多くあり、規格外の奇形果も多く出ます。残った果実は翌日に詰めて出荷するか、捨てるしかありません。奇形果はすべて捨てています。多くの果実がハウスの脇に捨てられていました。しかし、最近は直売所に出荷出来るとトマト農家は話していました。規格に合わないトマトは直売所で売れるのです。規格に対して消費者は気にしていないからです。

規格とは何かと再度問われます。規格外でも味はかわりません。直売所が全国に広がれば、生産者からフードロスは少なくなります。直売所の販売は海外市場の販売に近くなります。いつまでも規格を重んじて販売せずに、コンテナなどで無選別の野菜を売ることを考えなければ、青果会社を通して販売することから直売所に移っていくのではないかとも思います。

さらに、市場価格の変動が大きなフードロスを引き起こします。それは大規模で作られているキャベツ、ハクサイ、ブロッコリー、ダイコン、ネギなどで、価格が大きく下がりますと、販売価格より出荷手数料の方が金額的に高くなり、売れば売るほど赤字になり、生産者は野菜の植えてある畑をトラクターで耕ってしまいます。大きなフードロスとなります。直売所などの販売と生産者が結びついて、規格もない野菜販売を考えることがフードロスを減らすことにつながります。

果菜類を栽培している生産者の方も幼果の時点で奇形になっているものを摘果して、収穫する果実の多くが良い果実になるように努めることで、フードロスを減らすことが出来ます。

野菜出荷で、規格があります。どうして規格があるのでしょうか。東北地方の有名な露地キュウリの産地で、市場に出荷されているキュウリの販売価格がいつもトップの価格です。二十年前に偶然出荷場にいて、キュウリ生産者が軽自動車からご夫婦が出荷箱をキュウリ置き場に降ろしていました。A級、B級、C級などと置き場が分けてあり、A級品の置き場に荷を降ろしていましたら、農協の指導員が荷の検査をしに来ました。ご夫婦が降ろしたA級品の詰まった箱を調べたとき、指導員はほんの少し曲がったキュウリ果実を見つけて、これはB級品だと言われ、その詰めた箱はB級品の置き場に回されました。たった一本のキュウリ果実が少し曲がったものが入っていたためにB級になりました。指導員はA級品の詰めた箱が多く出るわけがない、出ても一～二ケースだと、そのご夫婦に説明をしていました。なぜそこまで厳しく検査する必要があるのかと感じました。他の産地のA級品の箱とこの農協のすごいA級品のキュウリと味的には同じです。見かけによいものを出荷することで、高い値を付けてもらうためにしている行動と思います。

同じキュウリで、価格が違っていて、見た目によい野菜を市場に出荷するには、大きな労力が必要になってきます。選別をきびしくすれば、くず果（野菜）の割合も多くなってきます。くずの野菜はフードロスにつながります。

直売所の始まりは、近くの農家が集まって、各自が野菜を作り、余剰になった野菜を捨てるのがもったいないと思い、余剰の野菜をそれぞれが持ち込んで販売をしたのが始まりです。フードロスを防ぐために行った行為です。

◆勘違いしているフードロス

よくフードロスを私は行っていませんと言われる方の話を伺うと、「野菜は全て食べています。残すところがありません。」と話され、すごいと思って話を詳しく伺うと、ニンジン、ジャガイモ、ダイコンなどの皮の部分まで食べています。だからフードロスになっていません。しかし、食料として考えますと、皮の部分は元から捨てる部分で、それを食べていることはフードロスには関係ないと思います。ニンジンを料理の材料として用いて料理をします。その料理が残って捨てることをフードロスと言います。可食部を捨てることをフードロスと言います。

最近、植物由来のプラスチックの生産が増えています。環境にやさしいと言われ、色々なところで使われ始めました。しかし、その原料はトウモロコシなどの食料なのです。食料に飢えた人たちは世界中に多くいます。先進国は環境にやさしいから植物由来のプラスチックを使うことに前向きになっていますが、後進国の飢えた人から考えますと、疑問です。そのプラスチックを作るために多くのトウモロコシを使います。それを飢えた人に与えれば、多くの方が救われるのです。これもフードロスと思います。この他に、バイオ燃料も同じです。穀類＝デンプンです。

第十一章　農業大転換

◆日本の農業のゆくえ①

長い間に多くの農家を伺ったときに、農業について意見を求めたものです。私は長くキュウリの栽培指導で各地の農家と接していました。農家のご主人に農業に対する魅力を尋ねますと、消極的なご意見が多く聞かれました。収入の面、労働の面などからご意見を話されました。どの農家も後継者が少なくて、時々、継いでいる青年もいます。私が関係していた露地キュウリでのことを話します。キュウリは換金作物ではトップクラスの野菜です。生産者一人で管理できる面積は十アール程度です。農家の夫婦で栽培出来るのは二十アールとなります。一作の十アールの収益は二百〜三百万円で、毎年、価格が異なりますので、不安定な要素もあります。農家の方に露地キュウリの労力を伺いますと、重労働に近いのではないかと言われ、特に、収穫が始まると、猫の手を借りたいほどです。キュウリの苗を植え付けるまでは楽ですが、収穫となりますと、朝夕の二回収穫となります。キュウリの果実は肥大が早くて、夕方にS級より小さいと思って、収穫をせずにいますと、朝には

ＬＬ級になり、規格外の大きさになることも有ります。朝は五時前に畑に行き、収穫を始めます。午後は三時くらいから畑に向かい収穫を始めます。収穫に費やす時間は最盛期で六〜七時間に及びます。収穫以外の時間は、畑で伸びている蔓を摘んだり、古くなった葉を摘んだりします。時々、病気や害虫の予防と治療に農薬の散布を行います。約一週間の間隔で追肥をします。

収穫した果実は、昔はどの農家も自宅で箱詰をしました。時間がかかる日には深夜まで箱詰をしていました。翌日の午前中には出荷場に運んでいましたが、最近、機械選果を導入している農協も多くなりまして、収穫した果実はコンテナに入れて、選果場に持っていけば、農協で箱詰をして出荷されます。農家は大変に楽になりました。露地キュウリの生産農家は一日の労働時間は優に十時間を超えています。今から三十年以上前に福島のある農家の露地キュウリを収穫し終えた時間に伺ったら、ご主人は「生きているか死んでいるか、分かんない。」と話され、着ている下着は汗でじっとりしていました。これが毎日続くのです。

後継者の話になりますと、ほとんどの農家のご主人は継がせたくないと話され、農家の倅も常に両親の仕事を見ていますので、継ごうとはしません。近年、各地に企業の工場が立ち、人を募集しています。交通の便が良くなり、企業は地方に進出します。この影響で、露地キュウリの不安定な収益より、安定した賃金の方が魅力的で、農家の倅は工場に働きに出る場合が多くなってきています。

私は、各地で露地キュウリの栽培講習会で招かれます。会場に集まっているキュウリ生産者の顔を見ますと、ほとんど六十歳以上の方です。同じ産地で、毎年、栽培講習をして、集まる生産者を見ていますと、段々と減ってきているのを感じます。栽培面積の減少です。来ない方のことを来た方に伺うと、「体が思うように動かないので、今年はキュウリ作りを休む。」と言っていました。つまり、一度、休むとリタイヤになります。全国の露地キュウリの作付面積は毎年減少傾向にあります。露地キュウリの生産者の年齢は七十歳以上かもしれません。

野菜作りの後継者は、集約的に管理する果菜より、大規模に栽培出来る葉菜や根菜に人気が集まり、キャベツ、ブロッコリー、ニンジン、ネギなどの就農が増えています。キュウリを二十アール栽培するより、ブロッコリーを機械化で十ヘクタール栽培する方が労働力としては楽だと若い後継者の方は話されます。現在、農地は余っていて、借りる場合にも年間で十アールを一万円以下です。農地を手放す人と、借りる人がいて、野菜栽培は規模拡大すると思います。人を使って、ブロッコリーを1日に四千ケース出荷する人もいれば、一日に一万束のホウレンソウを出荷する人もいます。高冷地のホウレンソウの生産農家の中には年間の収入が1億円以上の方も居られます。これからは企業化をする必要も出てきます。

◆日本の農業のゆくえ②

日本の稲作は東南アジアと同様に零細で、昔から代々受け継いだ小さな水田にしがみついて米を作っています。その小さな水田で稲作をしている農家の方はほとんどが高齢になっています。不思議なのは、多くの農家は機械化を積極的に進めていて、トラクター、田植え機、コンバイン、乾燥機など揃えている方を多く見ます。大変にお金がかかると思います。

昔から稲作をしている作付面積は十～二十アール程度です。米の価格も安値安定です。これらの零細な稲作農家は、米以外に野菜や果樹に力を入れています。キュウリやナス、またはリンゴやナシなどを作っている農家に伺いますと、稲作の機械化について意見を聞きますと、機械化をするには、稲作以外の収益がないと、機械化は出来ません。キュウリで儲けて、コンバインを購入しました。米の利益では機械化は難しいです。五～十ヘクタールも米を作っていれば機械化は可能ですが、零細な稲作農家では機械化は出来ないのが現状です。

関東地区の百アールの水田を耕作している農家に話を聞きますと、稲作をするには、肥料、農薬は必ず必要となります。関東では十アールでの米の収量は六～七俵程度です。東北地方に行けば九俵前後は収穫できます。また、関東の米はランクが低くて、安く買われます。その農家はコシヒカリを作っていますが、このコシヒカリは銘柄のコシヒカリの増量材ですと話されました。しかし、その増量材は必要なのですとも言われました。

小さな水田で、零細に稲作をしていて、尚且つ高齢となっていれば、水田での稲作は他人にお願いするか、稲作を止めて耕作地の放置に繋がります。現在、農村を自動車で走りますと、多くの耕作放置地を見ます。稲作をする方が居なくなるのです。元の原野に戻っていきます。

米の消費が減少していて、米の倉庫には古米が多く残っています。これだけ作付面積が減少しても米過剰になっているのです。一部のブランド米だけが売れているのです。

耕地整理が進んで地区は、整地した水田をまとめて管理する組合的な企業が各地に現れています。集団経営で何ヘクタールもの水田に人を雇って米を作っています。大規模な機械化で、比較的若い職員が雇用され、一定した給料を貰っての年間契約で働いています。工場と同じで、働いている人はサラリーマンと同じです。このような形態の農業が増加すると思います。専業農家は減少し、農業法人組織は増えていきます。アメリカ合衆国のような農業です。合衆国周辺の人を使って作物を栽培するスタイルです。

◆稲作衰退の対策にハイブリット米の導入

稲作農家が減少して、米の作付面積が減って将来の米の生産量が減少してしまうことが心配されます。その助っ人として第三章で述べたハイブリット米の導入があります。米の作付けが減っても収量の高いハイブリット米を使うことで十分な収穫量が得ることが出来ます。現在ではまだ導入は少ないですが、将来は増えて行くと思います。

ハイブリット米の種子は種苗会社から毎年購入する必要があります。今まで使っていた籾は単種と言って、自家採種が出来る種子ですが、ハイブリッド米の種子は交配して得られるものなので、自家採種は出来ません。しかし、ハイブリッド米は収量が今までの単種より四割多くあり、食味も優れていると言われています。ハイブリッド米種子が十分に供給できるようになれば、稲作の衰退を防げると考えます。

◆保護されている日本の農業

日本の農業は規制や高い関税で海外からの食糧の輸入を抑えています。日本の農産物の価格が高く、海外の農産物の価格は安いので、規制緩和をすれば、多くの海外農産物が日本に入ってきます。日本で生産できる農産物は保護貿易で輸入を抑え、日本で生産が出来ない農産物は海外から輸入する身勝手な貿易です。

日本で作られている農産物は差別化農産物が多く、これは一種のガラパゴス化だと私は思います。特殊な農産物を作っていても国際的には無駄なことになり、規制緩和になれば全ての農産物は販売が難しくなり、これこそ、日本農業の崩壊につながるのではないでしょうか。差別化農産物のガラパゴス化したものでなく、国際的に競争できる農産物を考えるべきです。

現在、日本は小麦、大豆、トウモロコシなどの穀類を海外から輸入をしています。中国は現在、農産物の輸入国になりつつあります。中国は農業から工業に移りつつあります。農村から都会に人が移動して、農業から離れる農民が多くなり、日本と同様に農業従事者が段々と少なくなっていきます。中国の人口は十三億人以上で、農業人口が減少すれば、農産物の生産が減少し食糧が不足すると思われます。中国が農産物の輸入国になれば、日本が輸入する農産物（穀類）を供給することが難しくなります。日本には多くの農地は放置されています。農業法人などで、穀類などの増産を考えるべきだと思います。日本の高い農業技術で富裕層に購入して頂く農産物を作るのではなく、海外に適応できる農産物を輸出できるようにすべきと思います。

◆農業の衰退からの脱皮

日本の農業の衰退は、土壌の劣化や後継者問題だけではありません。以前の高度経済成長で、日本の工業化が進み、経済大国になり、日本人の所得は大変に多くなり、世界一の金持ちになりました。そのときに、日本の商社は賃金の高い日本人にものを作らせるより、海外の低賃金の人にもの作りをさせて、安く出来た品物を日本に輸入することで、商社は大きな収益になり、どの企業も海外生産に拠点を移しました。

農産物も同様な動きをしました。海外から日本の農産物より安く入り、商社は大きな収益を上げていました。傍から見ても農産物が安くなるので、消費者も得をしました。その農産物は小麦、大豆、トウモロコシ、ソバなどの穀類が多く入り、日本の食品にはその輸入された穀類が使われています。国産の農産物より海外で作られたものの方が値打ちに手に入ることが、日本の農業全体の力が低下したことになります。農産物を簡単に輸入するのではなく、日本で農産物の生産を高め、国産の農産物の自給率を上げることが衰退を抑えることになると思います。

◆日本の農業を守る

日本の農業を守るには、農産物が国内で不足気味でも、むやみに海外から輸入を抑えることです。商売人は農産価格が少しでも上昇しますと、すぐに海外から農産物を輸入してしまいます。また、日本において色々な野菜が収穫できない時期もあり、海外から日本の収穫時期の外れた、俗に言う季節外れの野菜を輸入する業者が多いです。野菜は日本の季節を味わう旬の野菜が美味しいのです。現在の野菜売り場には周年にどの野菜も並んでいます。周年にならべる必要があるのでしょうか。

日本人の労働賃金は高いために、農産物を生産する農家の労働賃金も当然高くなります。そのために農産物の価格は海外と比較して高くなります。消費者は出来るだけ価格の安い野菜を求めます。輸入業者はそこを狙って、海外の安い農産物を輸入して、消費者に受けると考えています。安い農産物が多く日本に入ってきますと、日本の農業を守ることは出来なくなります。

日本でも農業人口が多くなり、野菜の生産量が高まりますと、野菜の価格は安定します。日本での野菜の生産量と消費のバランスの安定を保つことです。海外から農産物が輸入すればするほど、日本の農業人口は減少していきます。フランスのように農産物を輸出し、消費も安定している国も多いのです。日本はアメリカの様な工業の盛んな裕福な国を見ていますが、アメリカは農産物の輸出国でもあります。消費も多いが農産物の生産も盛んです。日本の昔は農産物もよく取れていましたが、アメリカの消費文化が入り込み、日本の農業がおかしくなっているのです。日本らしい生き方があるのではないでしょうか。

中国を見て下さい。今の中国は消費国になりつつあります。農村の若い方はお金を儲けるために都会に多くの方が働きに出ています。農業人口は段々と減少に向かっていると思います。また、文化的な生活を求めるために、肉食文化が定着しつつあります。今や中国は穀物を輸入する国になって来ています。日本の跡を追っているようです。十三億の人口が食料危機になっては大変です。

日本の工業生産は大きく低下して、先進国では最下位に近づいています。日本も昔は世界第一位の金持ち国でした。現在は貧しい国になりかかっていますが、日本人はまだ日本が裕福な国と思っている方ばかりです。その日本が世界中から輸入をし、農産物にしても多く輸入しています。食料の自給率が四十パーセントと言われていますが、捨てている食料も多いのではないでしょうか。安い輸入された野菜などは簡単に捨てられています。フードロスが多いのです。

◆国内の農産物の将来

日本の農家は減り続けて、農産物の生産量の減少が心配されていますが、単位面積の農産物の生産量を上げるために品種改良や栽培技術の向上などで、農家が減少しても生産低下を抑えることが出来ています。

また、農家は減少していますが、農家の経営形態が変わり、農耕放棄地などを借り受けて経営の規模を拡大した農家が増えてきています。企業的な農家が各地で生まれ、地域の人を雇用して大面積に農産物を作っていて収益を上げています。

さらに、農家の減少の時代では農産物の増産に関する栽培の研究をさらに進めていく必要があります。各地で差別化を目的としている農産物が作られています。この差別化した農産物も良いですが、国内の食糧とする農産物の量を確保することも大事な事と思います。

国内の農産物の量が少なくなりますと、すぐに、海外から農産物を輸入すれば済むと考えて、海外への依存が高くなっているのが今の日本です。

しかし、海外で紛争が起こりますと日本は食糧危機となります。国内の農産物の自給率を高める必要があります。これからは、規模の大きく生産量の高い農家の育成が大事になります。

終わりに

日本の農家は減少の危機になっています。高齢化と騒がれていますが、それより農業が儲からないと思っている農家が多いと思います。

農家を伺いますと、農家の主人は倅に向かって「農業を継がなくてもいい、労働が厳しく、お金にならないから」と常に話しているのをよく聴きます。つまり零細な農家が多いのです。農業には技術が必要で、個人差が多く出ます。同じ野菜を作っていても出荷金額が大きく異なっています。作るのが上手い方は面積を広げて、益々、収益を上げています。

しかし、技術が劣る農家は規模を縮小し、さらに、農業から離れる方も多く見かけます。多く野菜を収穫してもくずが多いとお金になりません。技術のない方でも規格外の野菜を売れるような販売を作ることが農業離れを防ぐと思います。農産物の直売所などに出荷している下手な技術の農家でもいきいきと野菜作りに励んでいるのを見ます。自由な出荷が農業離れから防げると思います。先祖から受け継いだ農地を有効に使わせる方法も考えるべきだと考えます。農業は儲かる農家の生産意欲を上げることも必要です。

私は農業が好きで、農業は楽しいと感じさせ、農家の減少を食い止めたい一心でこの本をまとめました。これから農業の後継者として頑張っていきたいと思っている人、それから農業を志し、農業で食べていきたいと思っている人に参考になれば幸いです。

著者紹介

前田　泰紀（まえだ　やすのり）

１９５０年（昭和２５年）愛知県名古屋市に生まれる。

名城大学大学院農学研究科（園芸学専攻）を修了。農学修士。

修了後、埼玉県のキュウリ種子専門メーカーの「ときわ研究場」に就職、その後、群馬県の総合種苗メーカーの「カネコ種苗」に転職、２０２０年に退職した。

在職中はキュウリの育種と一般野菜の栽培指導をした。

育成したキュウリ品種の「南極１号」、「トップグリーン」で、２回の農林水産大臣賞を受賞した。

野菜の指導で、各地を廻って野菜の栽培を講習した。

◎主な出版物
「キュウリ栽培」「菜園作り」「プランターで野菜を」（まつやま書房）
「野菜作りのプロのキホン」（二十二世紀アート）など多数あり

農業大転換期
考える農家 －稲作からの脱皮を模索する－

2023年11月15日　初版第一刷発行
著　者　前田　泰紀
発行者　山本　智紀
印　刷　日本ワントゥワンソリューションズ
発行所　まつやま書房
〒355－0017　埼玉県東松山市松葉町３－２－５
Tel.0493－22－4162　Fax.0493－22－4460
郵便振替　00190－3－70394
URL:http://www.matsuyama－syobou.com/

ISBN 978-4-89623-210-3 C0061

前田泰紀の
実践的野菜づくりノウハウ本シリーズ

プランターで野菜を

長さ 60cm のプランターを使い野菜作りにチャレンジ

プランターでも豊富に収穫できる楽しさを伝授

自宅の庭やベランダでお手軽プランター栽培。60cm の長さのプランターでも野菜ができます。長年種苗会社に勤め、多くの農家に実践指導をしてきた著者ならではの、確かな理論とわかりやすさを両立させた野菜づくりガイド。
種まきから収穫までの作業や収穫後のケア、順調な育て方や 1 株からたくさん採れるような工夫など内容盛り沢山！

本書掲載野菜
ミニトマト、キュウリ、エダマメ、カブ、ニンジン、ジャガイモ、ミニキャベツ、ブロッコリー、ミニハクサイ、リーフレタス、コマツナ、ホウレンソウ、小ネギ

定価 1430 円（1300 円＋税）
B5 判・並製本フルカラー・60 頁・ISBN978-4-89623-178-6

まずは基本的な野菜づくり方法をつめこみました

キュウリ農家の収穫量アップの手助けになれば

いろいろな野菜の作り方

菜園づくり 三坪の畑を基本に説明

まずは基本に立ち返り三坪から始める野菜栽培。これから家庭菜園を始める方も本格的な専業農家の方にも、菜園をより豊かな畑にするノウハウが入っています。

●取り上げる主な内容

第 1 章　野菜を作る前に知っておきたい知識
「野菜作りの基本」「堆肥と肥料」「育苗管理」
「畝作り」「栽培管理」「追肥と草勢の維持」
「地力の維持」「有機栽培とは」「病気と農薬」

第 2 章　各野菜の栽培方法
「果菜類」「豆類」「根菜類」
「葉菜」「芋類」

定価 1650 円（1500 円＋税）
B5 判・並製本・212 頁
ISBN978-4-89623-157-1

キュウリ栽培

露地栽培、ハウス栽培の両面対応。ご家庭の食卓に並ぶほど一般的ながら難しい野菜と言われる繊細なキュウリの収穫量アップのノウハウとは？

◎取り上げる内容
「育苗」「土壌障害の改善について」
「圃場の準備」「定植」「定植後の管理」
「整枝方法」「追肥」「摘葉」
「奇形果の種類と発生要因」
「生理障害の要因」「病気の発生と予防」
などなど

定価 1650 円（1500 円＋税）
A5 判・並製本フルカラー・60 頁
ISBN978-4-89623-149-0

<販売>まつやま書房　埼玉県東松山市松葉町3-2-5　tel.0493-22-4162
※ご不明な点がありましたらまつやま書房までご連絡を。　FAX 0493-22-4460